普通高等教育"十三五"规划教材

SQL Server 2012 实用教程

崔　强　罗小平　主编

刘　强　张燕丽　杨秀萍　杨善友　张振莲　副主编

中国铁道出版社有限公司

CHINA RAILWAY PUBLISHING HOUSE CO., LTD.

内 容 简 介

本书由浅入深地介绍了 SQL Server 2012 数据库的基本知识、数据库系统的设计与实现。内容包括系统认识数据库、初识 SQL Server 2012、数据库的创建和管理、表的创建和管理、索引的创建和管理、表中数据的查询、Transact-SQL 编程、视图的创建和管理、存储过程的创建和管理、触发器的创建和管理、数据库的安全性管理以及数据库的恢复与传输。本书以成绩管理数据库 AMDB 为实例贯穿全书,在最后一章还提供了完整的"图书租借系统数据库设计"供学生进行深入学习。

本书结构合理、思路清晰、内容丰富,适合作为高等院校"数据库应用"课程的教材,也可以供数据库开发与维护人员参考。

图书在版编目(CIP)数据

SQL Server 2012 实用教程 / 崔强,罗小平主编. —
北京:中国铁道出版社,2016.12(2020.7 重印)
普通高等教育"十三五"规划教材
ISBN 978-7-113-22708-1

Ⅰ. ①S… Ⅱ. ①崔… ②罗… Ⅲ. ①关系数据库系统—
高等学校—教材 Ⅳ. ①TP311.138

中国版本图书馆 CIP 数据核字(2016)第 317699 号

书　　名:SQL Server 2012 实用教程	
作　　者:崔　强　罗小平	
策　　划:唐　旭　周海燕	读者热线:(010) 51873090
责任编辑:周海燕　徐盼欣	
封面设计:刘　颖	
封面制作:白　雪	
责任校对:张玉华	
责任印制:樊启鹏	

出版发行:中国铁道出版社有限公司(100054,北京市西城区右安门西街 8 号)
网　　址:http://www.tdpress.com/51eds/
印　　刷:三河市航远印刷有限公司
版　　次:2016 年 12 月第 1 版　　2020 年 7 月第 3 次印刷
开　　本:787mm×1092mm　1/16　印张:14.5　字数:344 千
书　　号:ISBN 978-7-113-22708-1
定　　价:39.00 元

在当今的信息化社会，每天都会产生海量的信息，如何充分有效地管理和利用各类信息资源是进行科学研究和决策管理的必要前提。数据库技术是管理信息系统、办公自动化系统、决策支持系统等各类信息系统的核心部分，是进行科学研究和决策管理的重要技术手段。数据库技术是计算机信息系统的核心技术，是应用最广泛的技术之一。

SQL Server 是 Microsoft 公司推出的关系型数据库管理系统，具有使用方便、可伸缩性好、与相关软件集成程度高等优点。SQL Server 是一个全面的数据库平台，使用集成的商业智能（BI）工具提供了企业级的数据管理，为关系型数据和结构化数据提供了更安全可靠的存储功能。使用 SQL Server 可以构建和管理用于业务的高可用和高性能的数据库应用程序。

数据库课程是一门实践性、技术性很强的专业课。本书结合高校学生的特点，以实例为引导，深入浅出地介绍 SQL Server 2012 数据库开发技术。本书共 13 章：第 1 章介绍数据库、数据库系统、数据库管理系统的概念、数据库的体系结构和关系型数据库；第 2 章介绍 SQL Server 2012 的性能和优点、安装方法以及 SSMS 的基本工作环境；第 3 章介绍 SQL Server 数据库对象，以及如何创建、修改、重命名、删除、收缩、分离与附加数据库；第 4 章介绍表的基本结构、各种数据类型的特点和用途、主键约束、外键约束、检查约束的作用，以及表的创建和修改的方法；第 5 章介绍索引的作用、优缺点，以及创建和管理索引的具体方法；第 6 章介绍如何利用 SELECT 语句进行表中数据的查询；第 7 章介绍全局变量与局部变量、常用函数的格式及用法、流程控制语句的种类及用法；第 8 章介绍视图的概念、分类及优点，以及创建、管理和使用视图的方法；第 9 章介绍创建和使用各类存储过程的方法；第 10 章介绍创建和使用 DML 和 DDL 触发器的方法；第 11 章从登录账户、角色、权限、架构等不同角度介绍如何保证数据库的安全性；第 12 章介绍如何根据数据库实际情况选择合理的恢复机制，以及在 SQL Server 数据库与其他数据源之间进行数据传输的方法；第 13 章通过综合案例"图书租借系统"，介绍如何进行数据库的设计和实现。

本书由崔强、罗小平任主编，刘强、张燕丽、杨秀萍、杨善友、张振莲任副主编。具体编写分工如下：崔强负责编写第 6、11 章，罗小平负责编写第 3、4 章，刘强负责编写第 7、8 章，张燕丽负责编写第 1、5 章，杨秀萍负责编写第 12、13 章，杨善友负责编写第 2、9 章，张振莲负责编写第 10 章。全书由崔强、罗小平总策划、审稿并统稿。

为了方便教学，本书配有电子教案、数据库文件、各个章节的习题素材，读者可以登录

http://www.51eds.com 下载相关资料。

　　本书实例紧密结合工作、生活实际且编写过程中融入了多位一线教师丰富的教学经验，具有很强的实用性。在本书的编写过程中，得到了许多专家和同人的大力支持，中国铁道出版社的领导和编辑也付出了辛苦的劳动，谨此向他们表示最真挚的感谢。

　　由于数据库技术发展迅速以及编者水平有限，书中疏漏和不足之处在所难免，敬请专家和广大读者批评指正。

编　者

2016 年 10 月

目 录

第 1 章　系统认识数据库

"数据，已经渗透到当今每一个行业和业务职能领域，成为重要的生产因素。人们对于海量数据的挖掘和运用，预示着新一波生产率增长和消费者盈余浪潮的到来。"（出自麦肯锡）随着信息化的普及，大数据时代的来临，如何高效快速地管理庞大的数据信息成为研究的一大热点。数据库技术是关于数据管理的技术，是信息系统的核心和基础，现今各种各样的信息系统都是以数据库为基础的。

通过本章的学习，您将掌握以下知识及技能：

（1）掌握数据库、数据库系统、数据库管理系统的概念。

（2）了解数据库管理技术发展的几个阶段。

（3）掌握数据库的体系结构。

（4）熟练掌握数据模型。

（5）熟悉关系型数据库。

1.1　数据库系统简介

1.1.1　数据库的基本概念

1. 数据

数据（Data）是指对客观事件进行记录并可以鉴别的符号，是对客观事物的性质、状态以及相互关系等进行记载的物理符号或这些物理符号的组合。它是可识别的、抽象的符号。

数据可以是连续的值，如声音、图像，称为模拟数据；也可以是离散的，如符号、文字，称为数字数据。

在计算机科学中，数据是指所有能输入计算机并被计算机程序处理的符号的介质的总称，是用于输入计算机进行处理，具有一定意义的数字、字母、符号和模拟量等的通称。现在计算机存储和处理的对象十分广泛，表示这些对象的数据也随之变得越来越复杂。

2. 信息

信息（Information）是对客观世界中各种事物的运动状态和变化的反映，是客观事物之间相互联系和相互作用的表征，表现的是客观事物运动状态和变化的实质内容。

信息与数据既有联系，又有区别。数据是信息的表现形式和载体；而信息是数据的内涵，对数据作具有含义的解释。数据和信息是不可分离的，信息依赖数据来表达，数据则生动具体地表达出信息。

3．数据处理

数据处理（Data Processing）是对数据的采集、存储、检索、加工、变换和传输。数据处理的基本目的是从大量的、可能是杂乱无章的、难以理解的数据中抽取并推导出对于某些特定的人们来说是有价值、有意义的信息，即数据转换成信息的过程。

数据处理主要对所输入的各种形式的数据进行加工整理，其过程包含对数据的收集、存储、加工、分类、归并、计算、排序、转换、检索和传播的演变与推导全过程。

例如，吴喻兰同学的"Java 程序开发设计"的期末考试成绩为 86 分，其中 86 为数据，然后将该数据进行数据处理，最后得出吴喻兰同学该门课程成绩良好的信息。

4．数据库

数据库（Database，DB）是长期存储在计算机内、有组织的、可共享的数据集合。

例如，学校数据库中存放了学生的基本数据，包括学号、姓名、性别、班级、籍贯、考试成绩、学分等，根据需要对这些数据进行检索、排序和统计等操作。

5．数据库管理系统

数据库管理系统（Database Management System，DBMS）是位于用户与操作系统之间的一层数据管理软件。

数据库管理系统的主要功能包括数据定义功能、数据操作功能、数据库的运行管理、数据库的建立和维护功能，并且为用户或者应用程序提供访问数据库的方法。

通常情况下，人们常常将数据库管理系统称为数据库，如 SQL Server、Oracle、DB2、Sybase、MySQL 等都属于数据库管理系统。

6．数据库系统

数据库系统（Database System，DBS）是为适应数据处理的需要而发展起来的一种较为理想的数据处理系统。

数据库系统一般由数据库、硬件（构成计算机系统的各种物理设备）、软件（包括操作系统、数据库管理系统及应用程序）和人员（包括数据库设计人员、应用程序员、最终用户、数据库管理员）组成。

1.1.2 数据库的体系结构

数据库具有一个严谨的体系结构，从而能够有效地组织、管理数据，提高数据库的逻辑独立性和物理独立性。

数据库领域公认的标准结构是从数据库管理系统的角度划分的三级模式结构和二级存储映像，如图 1.1 所示。

1．数据库的三级模式结构

数据库的三级模式是数据库在三个级别（层次）上的抽象，使用户能够逻辑地、抽象地处理数据而不必关心数据在计算机中的物理表示和存储。数据库的三级模式结构是指内模式、模式和外模式。

（1）内模式。内模式也称存储模式，对应于物理

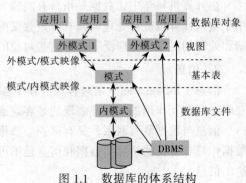

图 1.1　数据库的体系结构

级，它是数据库中全体数据的内部表示或底层描述，对应着实际存储在外存储介质上的数据库。一个数据库只有唯一的一个内模式。

（2）模式。模式也称概念模式或逻辑模式，对应于概念级。它是对数据库中全部数据的逻辑结构和特征的总体描述，是所有用户的公共数据视图。一个数据库只有一个模式，模式处于三级结构的中间层。

（3）外模式。外模式也称子模式或用户模式，对应于用户级。它是某个或某几个用户所看到的数据库的数据视图，是与某一应用有关的数据的逻辑表示。外模式是从模式导出的一个子集，包含模式中允许特定用户使用的那部分数据。一个数据库可以有多个外模式。

2．数据库的二级存储映像

为了能够在内部实现数据库的三个抽象模式的联系和转换，数据库管理系统在三级模式之间提供了两层映像。

（1）模式/内模式映像。数据库中只有一个模式和一个内模式，所以模式/内模式映像是唯一的，它定义了数据库的全局逻辑结构与存储结构之间的对应关系。当数据库的存储结构发生改变时，通过调整模式和内模式之间的映像，使得整体模式保持不变，当然外模式及应用程序也不用改变，从而实现数据的物理独立性。

（2）外模式/模式映像。对应于同一个模式可以有任意多个外模式。对于每一个外模式，都有一个外模式/模式的映像。当模式改变时，通过调整外模式/模式映像做相应的改变，从而使外模式保持不变，这样，依据外模式编写的应用程序就不用修改，从而实现了数据的逻辑独立性。

1.1.3　数据库的产生与发展

20 世纪 50 年代数据管理非常简单，只是通过机器运行穿孔卡片来进行数据的处理。当时的数据管理就是对所有这些穿孔卡片进行物理的存储和处理。

1950 年雷明顿兰德公司（Remington Rand Inc）的一种叫做 Univac I 的计算机推出了一种一秒可以输入数百条记录的磁带驱动器，从而引发了数据管理的革命，产生了数据库技术。

1956 年 IBM 生产出第一个磁盘驱动器——the Model 305 RAMAC。此驱动器有 50 个盘片，每个盘片直径是 2 英尺（1 英尺≈0.3 m），可以存储 5 MB 的数据。

随着信息技术和市场的发展，特别是 20 世纪 90 年代以后，数据管理不再仅仅是存储和管理数据，而转变成用户所需要的各种数据管理的方式。数据库发展阶段大致划分为如下几个阶段：人工管理阶段、文件系统阶段、数据库系统阶段、高级数据库阶段。

1．人工管理阶段

20 世纪 50 年代中期之前，计算机主要用于科学计算，当时的硬件存储设备只有磁带、卡片和纸带，软件方面也没有操作系统和专门管理数据的软件。数据由计算或处理它的程序自行携带，程序设计依赖于数据表示。由于数据的组织面向应用，不同的计算程序之间不能共享数据，使得不同的应用之间存在大量的重复数据，造成了很多的冗余，很难维护应用程序之间数据的一致性，如图 1.2 所示。

例如，1951 年的 Univac 系统，它当时就是使用磁带和穿孔卡片来进行数据存储。

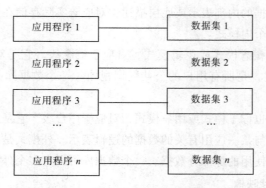

图 1.2　人工管理阶段程序与数据关系图

2．文件系统阶段

20 世纪 50 年代中期到 60 年代中期，计算机不仅应用于科学计算，还大量用于管理，当时的存储设备出现了硬盘、磁鼓，软件方面出现了操作系统和高级软件。

在文件系统阶段，数据按一定的规则组织成为一个文件，应用程序通过文件系统对文件中的数据进行存取和加工，程序和数据有了一定的独立性，但此时的数据文件仍然为某一特定的应用服务，修改了数据的逻辑结构就要修改相应的程序，反之亦然，数据独立性依然较差，数据冗余较大，如图 1.3 所示。

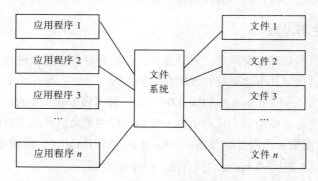

图 1.3　文件系统阶段程序与数据关系图

3．数据库系统和高级数据库阶段

20 世纪 60 年代后期，计算机在数据管理领域的应用越来越普及，随着互联网的普及，数据共享的需求也越来越多，计算机软硬件功能越来越强，从而发展出了数据库技术。

数据库技术以数据为中心组织数据，对数据的存储是按照统一结构进行的，不同的应用程序可以直接访问和操作这些数据，数据和程序具有较高的独立性，减少了数据冗余，提供更高的数据共享能力，如图 1.4 所示。

随着信息管理内容的不断扩展和计算机技术的不断进步，数据应用的需求增加，数据库要管理的数据的复杂度和数据量都在迅速增长。因此，出现了一批新的数据库技术，如并行数据库技术，数据仓库，联机分析技术，数据挖掘与商务智能应用、内容管理以及大数据管理和云计算机等领域，都是新一代数据库的变化和发展。

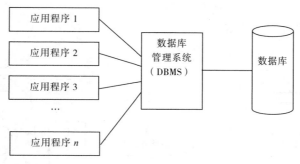

图 1.4　数据库阶段程序与数据关系图

1.2　数　据　模　型

1.2.1　数据模型的概念

数据模型（Data Model）是数据库系统的核心与基础，是现实世界数据特征的抽象，是站在计算机的角度，用模型的方法来描述数据、组织数据、处理数据的方法。

数据模型由数据结构、数据操作、数据约束三部分组成。

（1）数据结构：描述系统的静态特征，描述对象包括数据的类型、内容、性质以及数据间的联系等。

数据结构是数据模型的基础，数据操作和约束都基本建立在数据结构上。不同的数据结构具有不同的操作和约束。

（2）数据操作：描述系统的动态特征，指对数据模型中各种对象允许执行的操作的集合，包括操作及有关的操作关系。

（3）数据约束：描述系统中数据间的语法、词义联系、它们之间的制约和依存关系，以及数据动态变化的规则等的集合，以保证数据的正确和有效。

1.2.2　常见的数据模型

常见的数据库模型主要有层次模型、网状模型和关系模型。

1．层次模型

层次模型是指用一棵"有向树"的数据结构来表示各类实体以及实体间的联系，树中每一个结点代表一个记录类型，树状结构表示实体型之间的联系。如图 1.5 所示，计算机系就是树根，各专业和班级就是树结点。

层次模型的数据结构主要有以下两个特征：

（1）每棵树有且只有一个无双亲结点，称为根。

（2）树中除了根结点外所有结点有且只有一个双亲。

2．网状模型

网状模型是用有向图结构表示实体类型及实体间联系的数据结构模型。图 1.6 所示为 4 名同学的参加社团情况。

网状模型的数据结构主要有以下两个特征：

（1）允许有一个以上的结点无双亲。

（2）至少有一个结点可以有多于一个的双亲。

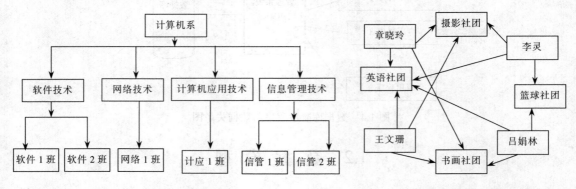

图 1.5　计算机系组成结构图　　　　　图 1.6　学生社团关系图

3．关系模型

关系模型是指用二维表形式表示实体和实体间联系的数据模型。表 1.1 所示的学生表是以二维表形式显示学生信息的示例。

表 1.1　学生信息表

学　号	姓　名	性　别	政治面貌	籍　贯
201612584601	王海英	女	团员	广东广州
201612584602	张三星	男	团员	广东汕头
201612584603	李天洋	男	党员	广东广州
201612584604	王琳琳	女	党员	广东佛山
201612584605	吴海涛	男	团员	广东东莞

关系模型的基本概念如下：

（1）关系（Relation）：一个关系对应着一个二维表，二维表就是关系名。

（2）元组（Tuple）：在二维表中的一行称为一个元组。

（3）属性（Attribute）：在二维表中的列称为属性。属性的个数称为关系的元或度。列的值称为属性值。

（4）域（Domain）：属性值的取值范围称为域。

（5）键（Key）：如果在一个关系中存在唯一标识一个实体的一个属性或属性集，则称之为键。

（6）主键/主码（Primary Key）：在一个关系中指定的一个用来唯一标识该关系的元组。每一个关系都有并且只有一个主键。例如，学生表中的学号。

关系模型的数据约束如下：

（1）实体完整性约束：约束关系中的每一行在表中是唯一的实体。

（2）域完整性约束：约束关系中的列必须满足某种特定的数据类型约束，其中约束包括属性具有正确的数据类型、格式和有效的数据范围。

（3）参照完整性约束：维护被参照表和参照表之间的数据一致性。

（4）用户定义的完整性：针对某个特定关系数据库的约束条件，它反映具体应用数据必须满足的语义要求。

1.3　关系数据库

1.3.1　关系数据库的概念

关系数据库是指建立在关系数据库模型基础上的数据库。关系模型在 1970 年由 IBM 公司有"关系数据库之父"之称的埃德加·弗兰克·科德博士首先提出，一经推出就受到了学术界和产业界的高度重视和广泛响应，并在随后的发展中得到了充分的发展并成为数据库架构的主流模型。

简单来说，关系模型是指用二维表的形式表示实体和实体间联系的数据模型。关系数据库的定义就是组成元数据的一张表格或组成表格、列、范围和约束的正式描述。

1.3.2　关系数据库标准语言 SQL

结构化查询语言（Structured Query Language，SQL）是关系式数据库管理系统的标准语言。SQL 是一种数据库查询和程序设计语言，用于存取数据以及查询、更新和管理关系数据库系统。

SQL 是一种计算机语言，用于存储、操作和检索存储在关系数据库中的数据。大多数关系型数据库管理系统，如 SQL Server、MySQL、Access、Oracle、Sybase、Informix 都使用 SQL 作为标准数据库语言。

SQL 语言包括以下三种：

（1）数据定义语言（Data Definition Language，DDL）：包括 DROP、CREATE、ALTER 等语句。

（2）数据操作语言（Data Manipulation Language，DML）：包括 SELECT、INSERT、UPDATE、DELETE 等语句。

（3）数据控制语言（Data Control Language，DCL）：包括 GRANT、REVOKE、COMMIT、ROLLBACK 等语句。

1.3.3　常见的关系数据库

1. Access 数据库

Microsoft Access 是由微软发布的关系数据库管理系统。它结合了 Microsoft Jet Database Engine 和图形用户界面两项特点，在安装 Microsoft Office 时选择"默认安装"，即可安装该数据库。

Microsoft Access 是一个简单、容易掌握的数据库管理系统，它的开发环境提供了足够的灵活性和对 Microsoft Windows 应用程序接口的控制，同时保护也简化了各种操作。Microsoft Access 能够满足小型企业的数据库解决方案的要求，是一种功能完备的系统。它包含了数据库领域的大多数技术和内容，非常适合数据库初学者或者入门者。

2. MySQL 数据库

MySQL 是由 MySQL AB 公司开发推出的中小型关系数据库，是一种关联数据库管理系统。关联数据库将数据保存在不同的表中，增加了速度并提高了灵活性。

MySQL 所使用的 SQL 是用于访问数据库的最常用标准化语言。MySQL 软件采用了双授权政策，它分为社区版和商业版，由于其体积小、速度快、总体拥有成本低，尤其是开放源码这一特点，一般中小型网站的开发都选择 MySQL 作为网站数据库。

3. SQL Server 数据库

SQL Server 是 Microsoft 公司推出的中型关系型数据库管理系统。它最初是由 Microsoft、Sybase 和 Ashton-Tate 三家公司共同开发的，并于 1988 年推出了第一个 OS/2 版本。1996 年，Microsoft 推出了 SQL Server 6.5 版本；1998 年，SQL Server 7.0 版本和用户见面；SQL Server 2000 于 2000 年推出，以后陆续推出了多个升级改进版本，包括 SQL Server 2005、SQL Server 2008、SQL Server 2012、SQL Server 2014。

SQL Server 提供了众多的 Web 和电子商务功能，如对 XML 和 Internet 标准的丰富支持，通过 Web 对数据进行轻松安全的访问，具有强大的、灵活的、高效的大数据处理等功能。

4. Oracle 数据库

Oracle 是甲骨文公司的一款关系数据库管理系统。它是在数据库领域一直处于领先地位的产品。Oracle 是目前世界上流行的关系数据库管理系统，系统可移植性好、使用方便、功能强，适用于各类大、中、小、微机环境。Oracle 是一种高效率、可靠性好的适应高吞吐量的数据库解决方案。

小　结

本章主要介绍了数据库系统的组成及其体系结构，包括数据库的基本概念、数据与信息的联系、数据库的三级模式、二级映像的体系结构；常见的数据模型，包括层次模型、网状模型和关系模型；关系型数据库、关系模型的概念以及常见的关系数据。

习　题

一、选择题

1.（　　）是指对客观事件进行记录并可以鉴别的符号，是对客观事物的性质、状态以及相互关系等进行记载的物理符号或这些物理符号的组合。

　　A. 数据　　　　　B. 信息　　　　　C. 符号　　　　　D. 数据处理

2. 数据库发展的几个阶段中，（　　）没有专门的软件对数据进行管理。

（1）人工管理阶段　（2）文件系统阶段　（3）数据库系统和高级数据库阶段

　　A.（1）　　　　B.（2）　　　　C.（1）（2）　　　　D. 全部

3. 数据库（DB）、数据库系统（DBS）和数据库管理系统（DBMS）之间的关系是（　　）。

　　A. DBS 就是 DB，也就是 DBMS　　　　B. DBMS 包括 DB 和 DBS

　　C. DB 包括 DBS 和 DBMS　　　　　　D. DBS 包括 DB 和 DBMS

4.（　　）也称存储模式，对应于物理级，它是数据库中全体数据的内部表示或底层描述，对应着实际存储在外存储介质上的数据库。

　　A. 模式　　　　B. 内模式　　　　C. 外模式　　　　D. 模式与内模式

5. 当数据库的存储结构发生改变时，通过调整（　　），使得整体模式保持不变，从而实现数据的物理独立性。

　　A. 模式与外模式之间的映像　　　　B. 模式与内模式之间的映像

C.　三级模式之间的两层映像　　　　D.　三级模式

6.　当数据库的模式发生改变时，通过调整（　　　），实现了数据的逻辑独立性。

A.　模式与外模式之间的映像　　　　B.　模式与内模式之间的映像

C.　三级模式之间的两层映像　　　　D.　三级模式

7.　数据模型中（　　　）描述系统中数据间的语法、词义联系、它们之间的制约和依存关系，以及数据动态变化的规则等的集合，以保证数据的正确和有效。

A.　数据结构　　　B.　数据操作　　　C.　数据约束　　　D.　数据定义

8.　常见的数据模型中，（　　　）采用"有向树"的数据结构来表示各类实体以及实体间的联系。

A.　网状模型　　　B.　层次模型　　　C.　关系模式　　　D.　面向对象模型

9.　在关系模型中，（　　　）是在一个关系中指定的一个用来唯一标识该关系的元组。

A.　主码　　　　B.　域　　　　C.　属性　　　　D.　键

10.　CREATE 语句属于（　　　）。

A.　DDL　　　　B.　DCL　　　　C.　DML　　　　D.　系统存储过程

二、简答题

1.　数据和信息之间的关系是什么？

2.　数据库系统由几部分组成？

3.　数据库的三级模式、二级映像结构有什么好处？

4.　数据库有几种结构的数据模型？各自有什么特点和使用场合？

第 2 章　初识 SQL Server 2012

SQL Server 是 Microsoft 公司推出的一种关系型数据库系统。SQL Server 是一个可扩展的、高性能的、为分布式客户机/服务器计算所设计的数据库管理系统，提供了基于事务的企业级信息管理系统方案。SQL Server 数据库从产生到现在，历经了多个版本的变更。SQL Server 2012 主要致力于大数据处理，可以让企业轻而易举地处理每年大量的数据增长。

通过本章的学习，您将掌握以下知识及技能：

（1）了解 SQL Server 2012 的性能和优点。

（2）掌握 SQL Server 2012 的各个版本的特点以及安装环境要求。

（3）熟练掌握 SQL Server 2012 的安装方法。

（4）能够使用 SQL Server 2012 连接数据库服务器。

（5）掌握 SSMS 的基本工作环境。

2.1　SQL Server 2012 数据库简介

2.1.1　SQL Server 2012 简介

SQL Server 2012 是微软发布的重要数据平台产品。SQL Server 2012 不仅延续现有数据平台的强大能力，还支持云技术平台，提供了一个全面的、灵活的、可扩展的数据库管理平台，可以满足成千上万用户的海量数据管理需求，能够快速构建相应的解决方法，以实现私有云和共有云之间的数据扩展和应用的迁移。

SQL Server 2012 提供对企业基础架构最高级别的支持——专门针对关键业务应用的多种功能与解决方案可以提供最高级别的可用性及性能。

在业界领先的商业智能领域，SQL Server 2012 提供了更多、更全面的功能以满足不同人群对数据以及信息的需求，包括支持来自于不同网络环境的数据的交互、全面的自助分析等创新功能。

针对大数据以及数据仓库，SQL Server 2012 提供从数 TB 到数百 TB 全面端到端的解决方案。作为微软的信息平台解决方案，SQL Server 2012 可以帮助企业用户突破性地快速实现各种数据体验。

2.1.2　SQL Server 2012 的新功能

与以往的版本相比，SQL Server 2012 具有以下的新功能。

（1）AlwaysOn：这项功能将数据库镜像故障转移提升到全新的高度，利用 AlwaysOn，用户可以将多个组进行故障转移，而不是以往的只是针对单独的数据库。此外，副本是可读的，并可用于数据库备份。SQL Server 2012 简化了 HA 和 DR 的需求。

（2）Columnstore 索引：这是 SQL Server 独有的功能。它是为数据仓库查询设计的只读索引。数据被组织成扁平化的压缩形式存储，极大地减少了 I/O 和内存使用。

（3）大数据支持：微软与 Hadoop 的提供商 Cloudera 的合作提供 Linux 版本的 SQL Server ODBC 驱动，让 SQL Server 也跨入了 NoSQL 领域，为大数据提供良好的支持。

（4）DBA 自定义服务器权限：DBA 可以创建数据库的权限，但不能创建服务器的权限。例如，DBA 想要一个开发组拥有某台服务器上所有数据库的读写权限，他必须手动完成这个操作。但是，SQL Server 2012 支持针对服务器的权限设置。

（5）增强的审计功能：现在所有的 SQL Server 版本都支持审计。用户可以自定义审计规则，记录一些自定义的时间和日志。

（6）BI 语义模型：这个功能是用来替代 Analysis Services Unified Dimensional Model 的。这是一种支持 SQL Server 所有 BI 体验的混合数据模型。

（7）Sequence Objects：一个序列（Sequence）是指根据触发器产生的自增值。SQL Server 有一个类似的功能：identity columns，但是现在用对象实现了。

（8）增强的 PowerShell 支持：所有的 Windows 和 SQL Server 管理员都应该认真学习 PowerShell 的技能。微软开发了服务器端产品对 PowerShell 的支持。

（9）分布式回放（Distributed Replay）：这个功能类似 Oracle 的 Real Application Testing 功能。不同的是 SQL Server 企业版自带了这个功能，而 Oracle 则需额外购买这个功能。这个功能可以让用户记录生产环境的工作状况，然后在另外一个环境重现这些工作状况。

（10）Windows Server Core 支持：Windows Server Core 是命令行界面的 Windows，使用 DOS 和 PowerShell 来做用户交互。它的资源占用更少（至少 50% 的内存和硬盘使用率）、更安全（比安装图形版漏洞更少）。

（11）PowerView：这是一个强大的自主 BI 工具，可以让用户创建 BI 报告。

（12）SQL Azure 增强：这和 SQL Server 2012 没有直接关系，但是微软对 SQL Azure 做了一个关键改进，如 Reprint Service、备份到 Windows Azure。Azure 数据库的上限提高到了 150 GB。

2.1.3　SQL Server 2012 的版本

根据数据库应用环境的不同，SQL Server 2012 发行了不同的版本以满足不同的需求。SQL Server 2012 的版本有企业版（SQL Server 2012 Enterprise Edition）、标准版（SQL Server 2012 Standard Edition）、商业智能版（SQL Server 2012 Business Intelligence Edition）、学习版（SQL Server 2012 Express Edition）、开发版（SQL Server 2012 Develop Edition）和 Web 版（SQL Server 2012 Web Edition）。每个版本的主要特点如下所述。

1．SQL Server 2012 企业版

SQL Server 2012 企业版是一个全面的数据管理和业务智能平台，包含所有 BI 平台组件功能齐备的版本，具有企业级的可伸缩性、数据仓库、安全、高级分析和报表支持等，如主动缓存、跨多个服务器对大型多维数据库进行分区的功能，为用户提供了更加坚固的服务器和执行大规模的在线事务处理。

2．SQL Server 2012 标准版

SQL Server 2012 标准版是一个完整的数据管理和业务智能平台，为部门级应用提供了最佳的易用性和可管理性。

标准版包含 Integration Services，带有企业版中可用的数据转换功能的子集。例如，标准版包含诸如基本字符串操作功能的数据转换，但不包含数据挖掘功能。标准版还包括 Analysis Services 和 Reporting Services，但不具有在企业版中可用的高可伸缩。

3．SQL Server 2012 商业智能版

SQL Server 2012 商业智能版主要是针对目前数据挖掘和多维数据分析的需求而产生的。它可以为用户提供全面的商业智能解决方案，并增强了在数据浏览、数据分析和数据部署安全等方面的功能。

4．SQL Server 2012 学习版

SQL Server 2012 学习版是一个免费版本，拥有核心 SQL Server 数据库引擎功能，但缺少管理工具、高级服务（如 Analysis Services）及可用性功能（如故障转移）。这一版本主要是为了学习、创建桌面应用和小型服务器应用。

5．SQL Server 2012 开发版

SQL Server 2012 开发版是一个只允许开发人员构建和测试基于 SQL Server 的任意类型应用。这一版本拥有企业版的特性，但只限于开发、测试和演示中使用。基于这一版本开发的应用和数据库可以很容易地升级到企业版。

6．SQL Server 2012 Web 版

SQL Server 2012 Web 版是针对运行于 Windows 服务器中要求高可用、面向 Internet Web 服务的环境而设计的。这一版本为实现低成本、大规模、高可用性的 Web 应用或客户托管解决方案提供了必要的支持工具。

2.2　SQL Server 2012 的安装

2.2.1　SQL Server 2012 安装环境要求

在安装 SQL Server 2012 之前，用户需要了解其安装环境的具体要求，不同版本的 SQL Server 2012 对应的要求略有差异。SQL Server 2012 安装环境要求如表 2.1 所示。

表 2.1　SQL Server 2012 安装环境要求

组　件	环 境 要 求
处理器	处理器类型： x64 处理器：AMD Opteron、AMD Athlon 64、支持 Intel EM64T 的 Intel Xeon、支持 EM64T 的 Intel Pentium 4 或更高版本 x86 处理器：Pentium III 兼容处理器或更高版本 处理器速度（最小值）： x86 处理器：1.0 GHz x64 处理器：1.4 GHz 建议：2.0 GHz 或更快

续表

组　　件	环 境 要 求
操作系统	Windows 7、Windows Server 2008 R2、Windows Server 2008 SP2、Windows Vista SP2 及以上
内存	最小值： Express 版本：512 MB 所有其他版本：1 GB 建议： Express 版本：1 GB 所有其他版本：至少 4 GB 并且应该随着数据库大小的增加而增加，以便确保最佳的性能
硬盘	最少 6 GB 的可用硬盘空间
驱动器	从磁盘进行安装时需要相应的 DVD 驱动器
显示器	Super-VGA（800x600）或更高分辨率的显示器
.NET Framework	在选择数据库引擎、Reporting Services、Master Data Services、Data Quality Services、复制或 SQL Server Management Studio 时，.NET 3.5 SP1 是 SQL Server 2012 所必需的，此程序可以单独安装

2.2.2　SQL Server 2012 安装过程

安装 SQL Server 2012 时，可以根据自己的实际需求和计算机的软硬件环境，选择一个合适的版本进行安装。本书中安装的版本为 SQL Server 2012 企业版，操作系统为 64 位 Windows 10 专业版。

1．安装准备

（1）确保当前的用户拥有计算机管理员权限。

（2）安装 SQL Server 2012 时，最好退出防火墙和防病毒软件。

2．安装过程

（1）启动 SQL Server 2012 的安装程序，双击运行 setup.exe（若当前计算机没有安装.NET Framework，将先行自动安装），进入"SQL Server 安装中心"页，选择左侧"安装"选项，初次安装选择"全新 SQL Server 独立安装或向现有安装添加功能"选项，开始 SQL Server 2012 的安装，如图 2.1 所示。

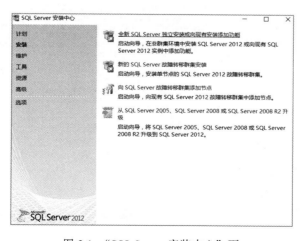

图 2.1　"SQL Server 安装中心"页

（2）进入"安装程序支持规则"页，依次进行常规检测、产品密钥输入、接受许可条款、安装安装程序文件、二次规则检测等步骤，如图 2.2 所示。完成安装前的规则检测（如果此时缺少组件或者系统设置错误，应立即进行添加或者更改设置，以确保后面的安装过程正常进行）。

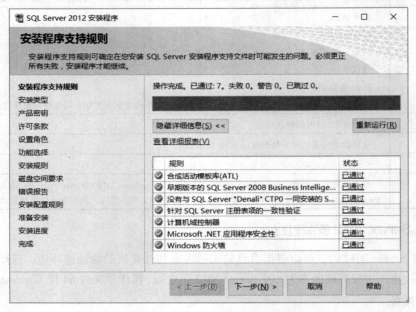

图 2.2 "安装程序支持规则"页

（3）通过规则检测后，进入"产品密钥"页，如图 2.3 所示，选择"输入产品密钥"单选按钮，输入产品密钥。（在这里也可以选择 Evaluation 和 Express 版本）

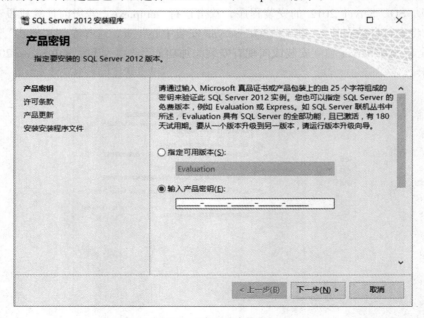

图 2.3 "产品密钥"页

（4）进入"设置角色"页，如图 2.4 所示，选择"SQL Server 功能安装"单选按钮，并在随后出现的"功能选择"页中选择要安装的实例功能，如图 2.5 所示。

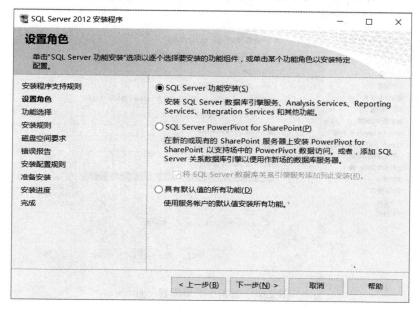

图 2.4　"设置角色"页

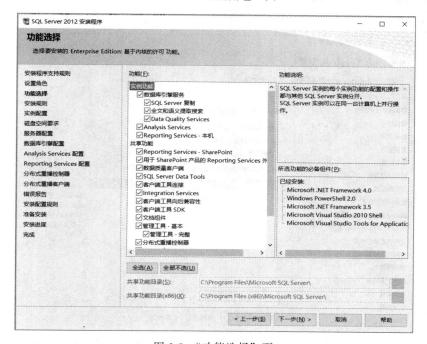

图 2.5　"功能选择"页

（5）配置实例功能后，依次设置实例名称、服务器配置，进入"数据库引擎配置"页，如图 2.6 所示，设置数据库服务器配置、数据目录和 FILESTREAM 等内容。

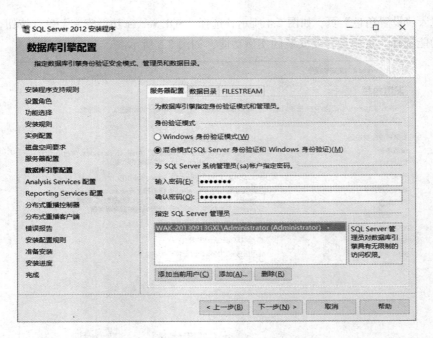

图 2.6 "数据库引擎配置"页

（6）配置数据库引擎后，依次进行 Analysis Services 配置（见图 2.7）和分布式重播客户端用户配置（见图 2.8）。

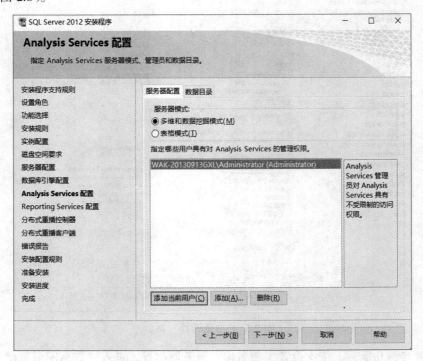

图 2.7 "Analysis Services 配置"页

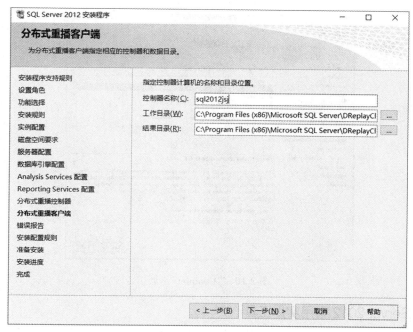

图 2.8　"分布式重播客户端"页

（7）进入"准备安装"页，如图 2.9 所示，该页面描述了刚才进行的各种设置以及安装路径，确认后，单击"安装"按钮进行安装，安装完成后进入"Complete"页，如图 2.10 所示，单击"关闭"按钮，即可完成 SQL Server 2012 的安装。

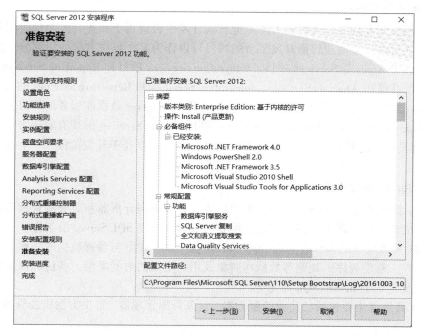

图 2.9　"准备安装"页

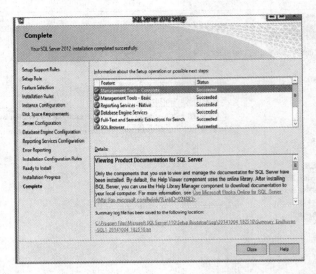

图 2.10　"Complete" 页

2.2.3　SQL Server 2012 常用实用工具

SQL Server 2012 提供了大量的管理工具，包括商业智能开发平台（Business Intelligence Development Studio）、SQL Server 管理平台（SQL Server Management Studio）、SQL Server 配置管理工具（SQL Server Configuration Manager）、SQL Server 性能工具（SQL Server Profiler）和数据库引擎优化顾问工具（Database Engine Tuning Advisor）等。

1．商业智能开发平台

作为一个集成开发环境，SQL Server 商业智能开发平台适用于商业智能架构应用程序，该平台包含了一些项目模板。商业智能开发平台的项目可以作为某个解决方案的一部分。例如，该平台中可以分别包含 Analysis Services 项目、Integration Services 项目和 Reporting Services 项目。

如果要开发并使用 Analysis Services、Integration Services 和 Reporting Services 的方案，则应当使用 SQL Server 2012 商业智能开发平台。如果要使用 SQL Server 数据库服务的解决方案，或者要管理并使用 Analysis Services、Integration Services 和 Reporting Services 的现有解决方案，则适合使用 SSMS。也就是说，这两个工具在应用中的阶段不一样，一个处于开发阶段，一个处于应用和管理阶段。

2．SQL Server 管理平台

SQL Server 管理平台（SSMS）是一个集成环境，它将查询分析器和服务器管理器的各种功能组合到一个集成环境中，用于访问、配置、控制、管理和开发 SQL Server 的工作。

通过 SSMS 可以完成的操作有管理 SQL Server 服务器，建立与管理数据库，建立与管理表、视图、存储过程、触发程序、规则等数据库对象及用户定义的时间类型，备份和恢复数据库，管理用户账户以及建立 Transact-SQL 命令等。

SSMS 的工具组件主要包括已注册的服务器、对象资源管理器、解决方案资源管理器、模板资源管理器等。

3．SQL Server 配置管理工具

SQL Server 配置管理工具用于管理与 SQL Server 相关联的服务，配置 SQL Server 使用的网络

协议以及从 SQL Server 客户端计算机管理网络连接。配置管理工具继承了以下功能：服务器网络实用工具、客户端网络实用工具和服务管理器。

4．SQL Server 性能工具

SQL Server 性能工具是一个图形化的管理工具，用于监督、记录和检查数据库服务器的使用情况，使用该工具，管理员可以实时地监视用户的活动状态。

5．数据库引擎优化顾问工具

数据库引擎优化顾问工具用来帮助用户分析工作负荷、提出优化建议等。即使用户对数据库的机构没有详细了解，也可以使用该工具选择和创建最佳的索引、索引视图、分区等。

2.3　SSMS 的基本操作

SSMS 是 SQL Server 2012 提供的一种集成化开发环境。SSMS 工具简单直观，可以使用该工具访问、配置、控制、管理和开发 SQL Server 中的所有组件。SSMS 将早期版本中的企业管理器、查询分析器和 Analysis Manager 功能整合到单一环境中，使得 SQL Server 中所有的组件能够协同工作，同时还对多样化的图形工具与多功能的脚本编辑器进行了整合，极大地方便了开发人员和管理人员对 SQL Server 的访问。

2.3.1　SSMS 的启动与连接

1．SSMS 连接

单击"开始"按钮，依次选择"所有应用"→"Microsoft SQL Server 2012"→"SQL Server Management Studio"，打开"链接到服务器"对话框，设置相关信息后，单击"连接"按钮，如图 2.11 所示，进入 SSMS。

图 2.11　"连接到服务器"对话框

"连接到服务器"对话框中各选项的含义如下：

（1）服务器类型：从对象资源管理器进行服务器注册时，需选择要连接到何种类型的服务器：数据库引擎、Analysis Services、Reporting Services 或 Integration Services。默认是"数据库引擎"。

（2）服务器名称：选择要连接到的服务器实例。默认情况下，显示上次连接的服务器实例。

（3）身份验证：在连接到 SQL Server 数据库引擎实例时，可以使用两种身份验证模式。

- Windows 身份验证模式允许用户通过 Windows 用户账户进行连接。
- SQL Server 身份验证允许用户通过已经设置的 SQL Server 登录账户以及指定的密码进行连接。

2．连接 SSMS 主界面

SSMS 主界面中，左侧是"对象资源管理器"面板，如图 2.12 所示，其中包括了服务器中所有的数据库对象。在"资源管理器"中右击不同的对象，可以在弹出的快捷菜单中进行相应的数据库管理操作。

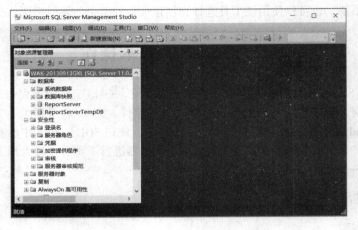

图 2.12　SSMS 主界面

2.3.2　在 SSMS 中配置服务器属性

SSMS 中可以利用"对象资源管理器"面板进行各种图形化的配置。

在"对象资源管理器"面板中右击当前登录的服务器，在弹出的快捷菜单中选择"属性"命令，打开"服务器属性"窗口，如图 2.13 和图 2.14 所示。

图 2.13　右键快捷菜单

图 2.14　"服务器属性"窗口

"服务器属性"窗口中，有"常规""内存""处理器""安全性""连接""数据库设置""高级""权限"几个选择页，除了"常规"页只能查看信息外，其他选择页都可以对服务器进行对应的设置。下面针对几个常用的属性选择页进行具体说明。

1."内存"选择页

"内存"选择页可以查看或修改服务器内存选项，可以根据实际要求对服务器内存大小进行配置与更改，包含的选项有最小服务器内存、最大服务器内存、创建索引占用的内存、每次查询占用的最小内存等，如图 2.15 所示。

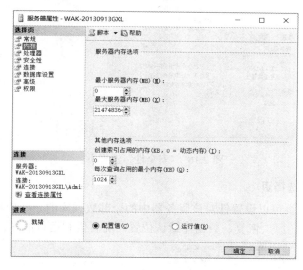

图 2.15 "内存"选择页

（1）最小服务器内存（MB）：分配给 SQL Server 的最小内存量，在低于此值时不释放内存。

（2）最大服务器内存（MB）：指定在 SQL Server 启动和运行时它可以分配的内存最大量。对于 32 位系统和 64 位系统，可以为"最大服务器内存"指定的最小内存量分别为 64 MB 和 128 MB。

（3）创建索引占用的内存（KB）：指定在索引创建排序过程中要使用的内存量（KB）。默认值为零，表示启用动态分配，在大多数情况下，无须进一步调整即可正常工作；不过，用户可以输入 704～2 147 483 647 之间的其他值。

（4）每次查询占用的最小内存（KB）：指定为执行查询分配的内存量（KB）。用户可以将值设置为 512～2 147 483 647。默认值为 1024 KB。

2."安全性"选择页

"安全性"选择页主要是确保服务器的安全运行，包含的选项有服务器身份验证、登录审核、服务器代理账户和选项等，如图 2.16 所示。

（1）服务器身份验证：表示在连接服务器时采用的验证方式，默认在安装过程中设定为"Windows 身份验证模式"，也可以采用"SQL Server 和 Windows 身份验证模式"的混合模式，不过 Windows 身份验证模式比 SQL Server 身份验证模式更加安全，所以建议尽量使用 Windows 身份验证模式。

（2）登录审核：设置是否对用户登录 SQL Server 2012 服务器的情况进行审核。

（3）服务器代理账户：设置是否提供 xp_cmdshell 使用的账户。

（4）选项：设置是否符合启用通用条件、是否启用 C2 审核跟踪及是否跨数据库所有权链接。

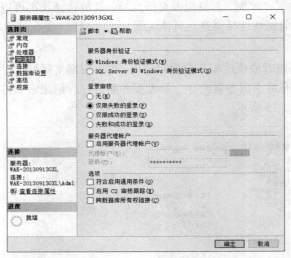

图 2.16　"安全性"选择页

3．"数据库设置"选择页

"数据库设置"选择页可以设置针对该服务器中的全部数据库的一些选项，包含的选项有默认索引填充因子、备份和还原、恢复、数据库默认位置、配置值和运行值等，如图 2.17 所示。

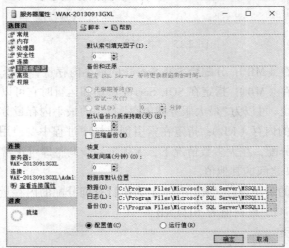

图 2.17　"数据库设置"选择页

（1）默认索引填充因子：指定在 SQL Server 使用现有数据创建新索引时对每一页的填充程度。
（2）数据库默认位置：设置数据库文件包括数据文件、日志文件和备份文件的存放位置，可以通过右侧选择按钮进行更改。

2.3.3　查询设计器

在 SSMS 中，除了可以通过"对象资源管理器"等面板进行图形化设置外，还可以通过 SQL

代码操作和管理数据库。SSMS 中的查询设计器就是用来帮助用户编写 Transact-SQL 语句的工具，这些语句可以在查询设计器中执行，用于查询数据、操作数据等。即使用户未连接到服务器，也可以编写和编辑代码。

1. 查询设计器的基本界面

在工具栏中单击"新建查询"按钮，在查询设计器中打开一个扩展名为.sql 的空白文件，如图 2.18 所示。在查询编辑窗口中可以输入任意的 Transact-SQL 语句，并可以编辑执行。

图 2.18　查询设计器

也可以通过现有对象直接生成 Transact-SQL 语句。例如，在"对象资源管理器"中，依次展开对象找到 ReportServer 数据库中的 Catalog 表，在右键快捷菜单中选择"编写表脚本为"→"SELECT 到"→"新查询编辑器窗口"命令，如图 2.19 所示，就可以利用 Catalog 表中的数据生成一段 Transact-SQL 语句，并可以对该语句进行修改和编辑。

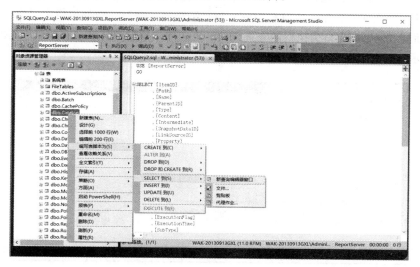

图 2.19　利用对象生成语句到查询设计器

2．在查询设计器中编辑、执行查询的基本过程

下面以检索 ReportServer 数据库中 Users 表为例，介绍查询设计器中编辑、执行查询的过程。

（1）在工具栏中单击"新建查询"按钮，打开新的查询编辑窗口，然后在工具栏的"可用数据库"下拉列表中选择要检索的 ReportServer 数据库，如图 2.20 所示。

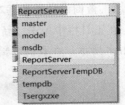

（2）在查询编辑窗口输入如下代码：

```
SELECT * FROM Users
```

输入时，查询设计器会根据输入的内容改变字体颜色，同时，SQL Server 中的 IntelliSense 功能将提示接下来可能要输入的内容供用户选择，用户可以从下拉列表中直接选择，也可以手动继续输入，如图 2.21 所示。

图 2.20　"可用数据库"列表

当输入的内容是数据库中已经存在的对象的时候，可以直接从左侧的"对象资源管理器"拖动该对象到查询编辑窗口完成输入。

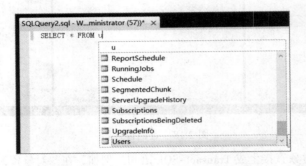

图 2.21　IntelliSense 功能

（3）输入完语句后，可以先单击工具栏中的"分析"按钮，在实际执行查询语句之前对语句进行分析，如果有语法上的错误，在执行之前即可找到并修正这些错误。

（4）确认语法无误后，单击工具栏中的"执行"按钮，此时，查询编辑窗口自动划分为两个子窗口，上面的"编辑"窗口为执行的查询语句，下面的"结果"窗口显示查询语句的执行结果，如图 2.22 所示。

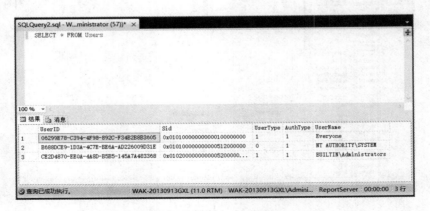

图 2.22　查询语句执行结果

默认情况下，查询结果是以网格的形式显示的。在查询设计器中一共提供了三种不同的显示查询结果，可以在工具栏 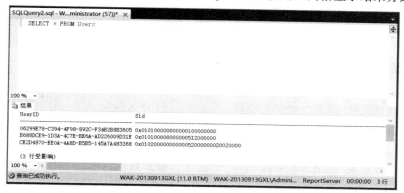 中进行切换，这三种显示结果分别为"以文本格式显示结果""以网格显示结果"和"将结果保存到文件"。

以文本格式显示结果方式是将得到的查询结果以文本页面的方式显示，如图 2.23 所示。

以网格显示结果方式是将得到的查询结果的列和行以网格的形式排列，并且可以在结果窗口用鼠标更改列宽来调整显示结果，默认情况下，SQL Server 使用以网格显示结果方式。

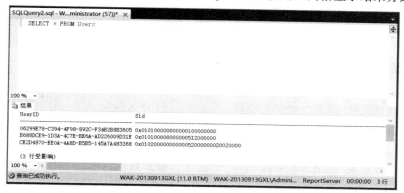

图 2.23　以文本格式显示查询结果

将结果保存到文件方式与以文本格式显示结果方式相似，不过它是将结果输出到*.rpt 文件而不是屏幕。使用这种方式可以直接将查询结果导出到外部文件，如图 2.24 所示。

图 2.24　将结果保存到文件

（5）SQL 语句执行结束后，可以在查询编辑窗口上方右击当前查询的名字，在弹出的快捷菜单中选择"保存 SQL Query1.sql"命令，保存该 SQL 语句。

也可以在菜单中选择"文件"→"保存 SQL Query1.sql"命令或者"文件"→"SQL Query1.sql 另存为"命令进行 SQL 语句的保存。保存的*.sql 文件可以在操作系统中直接用记事本打开。

小　　结

本章主要介绍了 SQL Server 2012 的特点、新功能和常见版本，详细讲解了 SQL Server 2012 企业版的安装过程，讲解 SSMS（SQL Server Management Studio）的基本操作，包括 SSMS 的启动和连接、服务器属性的配置和查询设计器的使用。

习　　题

一、选择题

1. 下列（　　）不是 SQL Server 2012 的新功能。

　　A. 大数据支持　　　B. 分布式回放　　　C. BI 语义模型　　　D. 增强的存储过程

2. SQL Server 2012（　　）是一个全面的数据管理和业务智能平台，包含所有平台组件功能的版本。

　　A. 商业智能版　　　B. 学习版　　　　　C. 企业版　　　　　　D. 标准版

3. SQL Server 2012 要求最少（　　）的可用硬盘空间。

　　A. 2 GB　　　　　　B. 4 GB　　　　　　C. 6 GB　　　　　　D. 8 GB

4.（　　）是一个集成环境，它将查询分析器和服务器管理器的各种功能组合到一个集成环境中，用于访问、配置、控制、管理和开发 SQL Server 的工作。

　　A. 商业智能开发平台　　　　　　　　　B. SQL Server 性能工具

　　C. SQL Server 管理平台　　　　　　　　D. SQL Server 配置管理工具

5.（　　）用于管理与 SQL Server 相关联的服务，配置 SQL Server 使用的网络协议以及从 SQL Server 客户端计算机管理网络连接。

　　A. 商业智能开发平台　　　　　　　　　B. SQL Server 性能工具

　　C. SQL Server 管理平台　　　　　　　　D. SQL Server 配置管理工具

二、简答题

1. 简述 SQL Server 2012 的各个版本之间的区别。

2. 简述 SQL Server 2012 的各个常用工具的作用。

第 3 章　数据库的创建和管理

数据库是 SQL Server 2012 中存放数据和各种数据库对象，如表、视图、存储过程等的容器。数据库不仅可以存储数据，而且将其以文件的形式存储在磁盘上。正确规划数据库文件的存储可以提高数据库的效率和可用性。

通过本章的学习，您将掌握以下知识及技能：

（1）初步认识 SQL Server 数据库对象。

（2）了解 SQL Server 系统数据库。

（3）能够使用 SSMS 创建、修改、重命名、删除、收缩、分离与附加数据库。

（4）熟练掌握使用 Transact-SQL 创建、修改、重命名和删除数据库。

3.1　数据库概述

3.1.1　系统数据库

SQL Server 数据库分成系统数据库、示例数据库和用户数据库三类。其中，系统数据库和示例数据库都是 SQL Server 安装成功后默认建立的，系统数据库是记录数据库必需的信息，用户不能直接更新其中的系统对象（如系统表、系统存储过程和目录视图）中的信息。示例数据库是为了让用户学习 SQL Server 而设计的，如 ReportServer 数据库，用户可以在该数据库上进行任意操作。用户数据库是用户根据实际需求创建的数据库。

SQL Server 2012 主要有 4 个系统数据库：master 数据库、model 数据库、msdb 数据库和 tempdb数据库。

1．master 数据库

master 数据库是 SQL Server 中最重要的数据库，是整个数据库服务器的核心。master 数据库记录了 SQL Server 系统的所有系统级信息，这既包括实例范围的元数据（如登录账户）、端点、连接服务器和系统配置设置，又包括所有其他数据库的存在、数据库文件的位置以及 SQL Server 的初始化信息。因此，如果 master 数据库不可用，则 SQL Server 无法启动。

在使用 master 数据库时，应定期备份该数据库，当有任何问题出现时，可以随时进行恢复。

2．model 数据库

model 数据库是 SQL Server 中创建数据库的模板。当创建新用户数据库时，model 数据库的全部内容（包括数据库选项）都会被复制到新的数据库。如果修改 model 数据库，之后创建的所有数据库都将继承这些修改。例如，可以设置权限或数据库选项或者添加对象，例如，表、函数或存储过程。

3．msdb 数据库

msdb 数据库提供运行 SQL Server Agent 工作的信息。SQL Server Agent 是 SQL Server 中的一个 Windows 服务，该服务用来运行任何已经创建的计划作业。

4．tempdb 数据库

tempdb 数据库是 SQL Server 中的一个临时数据库，用于存放临时对象或者中间结果。SQL Server 关闭后，该数据库中的内容会被清空。每次重新启动服务器之后，tempdb 数据库将被重建。

除了上述的 4 个系统数据库外，SQL Server 还有一个只读的系统数据库 Resource，它包含了 SQL Server 中的所有系统对象。SQL Server 系统对象（如 sys.objects）在物理上保留在 Resource 数据库中，但在逻辑上显示在每个数据库的 sys 架构中。Resource 数据库不包含用户数据或用户元数据。

3.1.2　数据库对象

数据库对象是存储、管理和使用数据库的不同结构形式，在 SQL Server 2012 的数据库中，主要的数据库对象包括表、视图、索引、存储过程、触发器、用户自定义函数、用户和角色等，如图 3.1 所示。

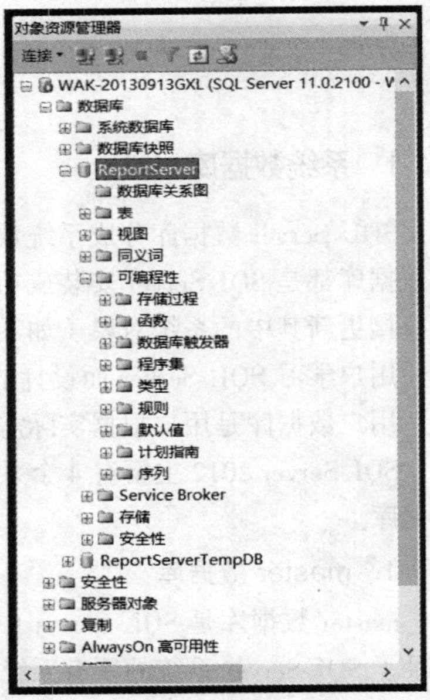

1．常用数据库对象

表是包含数据库中所有数据的数据库对象。表由行和列组成，每一行代表一条唯一的记录，每一列代表记录中的一个字段。

视图是从一张或者多张表中导出的表（也称虚拟表），是用户查看数据表中数据的一种方式。

索引是某个表中一个列或多列值的集合和相应的指向表中物理标识这些值的数据页的逻辑指针。

存储过程是一组为了完成特定功能的 Transact-SQL 语句集合，经编译后以名称的形式存在 SQL Server 服务器端的数据库中，由用户通过指定存储过程的名称来执行。

触发器是一种特殊的存储过程，与表格或某些操作相关联，当用户对数据进行插入、修改、删除等动作时被激活，并自动执行。

2．对象命名规则

SQL Server 为了完善数据库的管理机制，设计了严格的命名规则，用户在创建数据库以及数据库对象时必须严格遵守 SQL Server 的命名规则

图 3.1　SQL Server 2012 的数据库对象

1）标识符

数据库对象的名称即为其标识符，SQL Server 中的所有内容都可以有标识符。对象标识符是在定义对象时创建的，标识符随后用于引用该对象。

标识符的命名规则有以下几点：

（1）第一个字符必须是下列字符之一：

- Unicode 中定义的字母，包括拉丁字符 a～z 和 A～Z，以及来自其他语言的字母字符。
- 下画线(_)、at 符号（@）或数字符号（#）。

（2）后续字符可以包括：

- Unicode 中定义的字母。
- 基本拉丁字符或其他国家/地区字符中的十进制数字。
- at 符号、美元符号（$）、数字符号或下画线。

（3）标识符不能是 Transact-SQL 保留字。

（4）不允许嵌入空格或特殊字符。

（5）不允许使用增补字符。

2）数据库对象命名规则

SQL Server 2012 数据库对象的名字由 1～128 个字符组成，默认情况下不区分大小写，必须符合标识符规则。

数据库对象的完整名称应该由服务器名、数据库名、架构名和对象名 4 部分组成，其格式如下：

```
[[[server.][database].[schema].]object_name
```

如果数据库对象没有限定架构，则会分配默认的架构 dbo。

3.1.3 数据库文件和文件组

每个 SQL Server 数据库至少具有两个操作系统文件：一个数据文件和一个日志文件。数据文件包含数据和对象，例如表、索引、存储过程和视图。日志文件包含恢复数据库中的所有事务所需的信息。为了便于分配和管理，可以将数据文件集合起来放到文件组中。

1. 数据库文件

SQL Server 数据库具有三种类型的文件：主要数据库文件、次要数据库文件和事务日志文件，如表 3.1 所示。

表 3.1　数据库文件

文　　件	说　　明
主要数据文件	主要数据文件包含数据库的启动信息，并指向数据库中的其他文件。用户数据和对象可存储在此文件中，也可以存储在次要数据文件中。每个数据库有且只有一个主要数据文件。主要数据文件扩展名是.mdf
次要数据文件	次要数据文件是可选的，由用户定义并存储用户数据。通过将每个文件放在不同的磁盘驱动器上，次要文件可用于将数据分散到多个磁盘上。另外，如果数据库超过了单个 Windows 文件的最大大小，可以使用次要数据文件，这样数据库就能继续增长。次要数据文件的建议文件扩展名是 ndf
事务日志文件	事务日志文件保存用于恢复数据库的日志信息。每个数据库必须至少有一个日志文件。事务日志的建议文件扩展名是.ldf

默认情况下，数据和事务日志被放在同一个驱动器上的同一个路径下。这是为处理单磁盘系统而采用的方法。但是，在实际项目环境中，建议将数据和日志文件放在不同的磁盘上。

2. 数据库文件组

每个数据库有一个主要文件组。此文件组包含主要数据文件和未放入其他文件组的所有次要文件。可以创建用户定义的文件组，用于将数据文件集合起来，以便于管理、数据分配和放置，如表 3.2 所示。

表 3.2　数据库文件组

文　件　组	说　　明
主要文件组	包含主要文件的文件组。所有系统表都被分配到主要文件组中
用户定义文件组	用户首次创建数据库或以后修改数据库时明确创建的任何文件组

3.2　使用 SSMS 创建和管理数据库

3.2.1　使用 SSMS 创建数据库

在 SQL Server 2012 中，通过 SSMS 可以创建数据库，用于存储数据及其他数据库对象。

【例 3.1】创建 MX 公司数据库 MXDB_New。其中，主数据文件为 MXDB_New.mdf，初始大小是 5 MB，最大文件大小为 100 MB，增长大小是 15 MB，存放在 D:\data 文件夹。日志文件为 MXDB_New_log.ldf，初始大小为 2 MB，最大文件大小为 80 MB，增长大小为 10%，存放在 E:\log 文件夹。

具体操作步骤如下：

（1）在"对象资源管理器"中，连接到 SQL Server 数据库引擎的实例，然后展开该实例。右击"数据库"，在弹出的快捷菜单中选择"新建数据库"命令。

（2）在"新建数据库"窗口中，选择"常规"选择页在对应的项目中按照要求进行具体设置，如图 3.2 所示。

数据库名称：数据库的名称必须遵循 SQL Server 标识符规则，本例输入"MXDB_New"。

逻辑名称：引用文件时使用，默认时主数据文件与数据库同名，事务日志文件加上"_log"，本例默认即可。

文件类型：行数据为数据文件，日志为事务日志文件。

文件组：为数据文件指定文件组，不指定则默认，本例默认即可。事务日志文件不能修改"文件组"设置。

初始大小：数据库文件对应的初始大小，默认单位为 MB。本例设置数据文件 MXDB_New 为"5"，日志文件 MXDB_New_log 为"2"。

自动增长/最大大小：设置 SQL Server 是否能在数据库到达其初始大小极限时自动关闭。本例需要进行修改，单击右侧的 **...** 按钮，在打开的"更改 MXDB_New 的自动增长设置"对话框中进行对应的设置。

路径：数据库文件存放的物理位置。默认的存放路径是"C:\Program Files\Microsoft SQL Server\MSSQL11.MSSQLSERVER\MSSQL\DATA"，本例的存放路径分别是"D:\data"和"E:\log"，需要先创建对应文件夹，然后单击右侧的 **...** 按钮，在打开的"定位文件夹"对话框中选择对应路径即可。

文件名：存储数据库中数据的物理文件名，默认情况下在逻辑名称后加上对应的扩展名即可，本例已经指定了逻辑名称，这里无须设置默认即可。

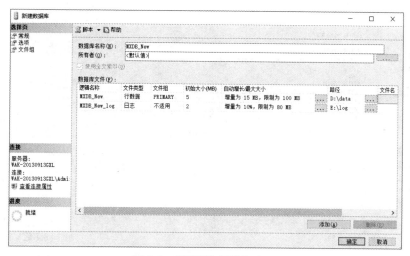

图 3.2　"新建数据库"窗口

（3）单击"确定"按钮，完成 MXDB_New 数据库的创建。

3.2.2　使用 SSMS 修改数据库

【例 3.2】修改 MX 公司的 MXDB_New 数据库。首先将日志文件 MXDB_New_log 的最大文件大小修改为无限制，然后为数据库增加次要数据文件 MXDB_New1.ndf，初始大小是 10 MB，最大文件大小为 100 MB，增长大小是 5%，存放在 D:\data 文件夹。

具体操作步骤如下：

（1）在"对象资源管理器"中，连接到 SQL Server 数据库引擎的实例，然后展开该实例。

（2）展开"数据库"，右击 MXDB_New 的数据库，在弹出的快捷菜单中选择"属性"命令，打开"数据库属性"窗口，该窗口中可以查看数据库的所有信息，也可以进行部分设置的修改。

（3）在"数据库属性"窗口左侧选择"文件"选择页，在右侧选中 MXDB_New_log 文件对应的"自动增长/最大大小"选项，在打开的"更改自动增长设置"对话框中，设置最大文件的设置修改为"无限制"，如图 3.3 所示。

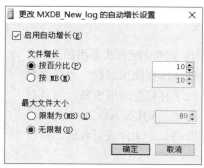

图 3.3　"更改自动增长设置"对话框

（4）单击"文件"选择页右下方的"添加"按钮，在数据库文件中新增加一行，设置逻辑名称为"MXDB_New1"，文件类型为"行数据"，初始大小为"10"，最大文件大小为"100"，自动增长为"5%"，路径为"D:\data"，文件名省略，如图 3.4 所示。

图 3.4 "文件"选择页

（5）单击"确定"按钮，完成 MXDB_New 数据库的修改。

3.2.3 使用 SSMS 重命名数据库

【例 3.3】将 MX 公司的 MXDB_New 数据库重命名为 MXDB。
具体操作步骤如下：

（1）在"对象资源管理器"中，连接到 SQL Server 数据库
引擎的实例，然后展开该实例。

（2）展开"数据库"，右击 MXDB_New 的数据库，在弹出
的快捷菜单中选择"重命名"命令，如图 3.5 所示。

（3）输入新的数据库名称"MXDB"，然后按【Enter】键，
完成重命名。

注意：数据库重命名的时候确保没有任何用户正在使用数
据库，并且数据库模式为单用户模式。

3.2.4 使用 SSMS 收缩数据库

由于 SQL Server 2012 对数据库空间分配方式采用的是"先
分配、后使用"的机制，所以，数据库在使用过程中可能会存
在多余的空间，在一定程度上造成了存储空间的浪费，而且对
数据库的工作效率产生了影响。为此，SQL Server 2012 提供了
收缩数据库的功能，允许对数据库的每个文件进行收缩，直至
收缩到没有剩余空间为止。

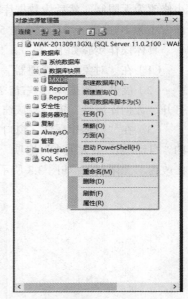

图 3.5 选择"重命名"命令

SQL Server 2012 在执行数据库收缩操作时，数据库引擎会删除数据库的每个文件已经分配的
但还没使用的页，收缩后的数据库空间将减少。既可以手动收缩数据库，又可以设置自动收缩数
据库使其按照指定时间自动收缩。

【例 3.4】为了避免存储空间的浪费，现在对 MX 公司的 MXDB 数据库进行收缩操作，先进行

手动收缩 MXDB 为 60%，为了避免以后使用过程中的自动增长带来的进一步浪费，再设置 MXDB 数据库为自动收缩。

具体操作步骤如下：

（1）在"对象资源管理器"中，连接到 SQL Server 数据库引擎的实例，然后展开该实例。

（2）展开"数据库"，右击 MXDB 的数据库，在弹出的快捷菜单中选择"任务"→"收缩"→"数据库"命令，在弹出的"收缩数据库"窗口中，勾选"在释放未使用的空间前重新组织文件"复选框，设置"收缩后文件中的最大可用空间"为"60%"，如图 3.6 所示，单击"确定"按钮，完成手动收缩数据库。

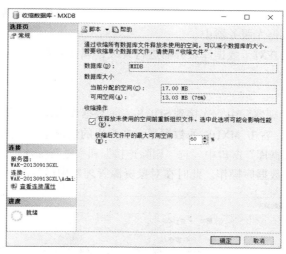

图 3.6　"收缩数据库"窗口

（3）右击 MXDB 的数据库，在弹出的快捷菜单中选择"属性"命令，在"数据库属性"窗口左侧中选择"选项"选择页，在"自动"选项中设置"自动收缩"为"True"，如图 3.7 所示，完成数据库自动收缩的设置。

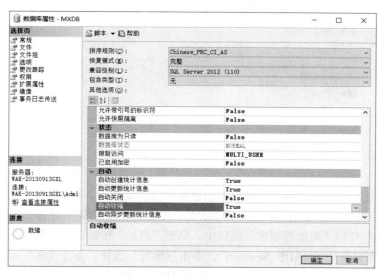

图 3.7　"选项"选择页

注意：收缩后的数据库不能小于数据库的最小大小。最小大小是在数据库最初创建时指定的初始大小，或是上一次使用文件大小更改操作设置的大小。不能在备份数据库时收缩数据库，也不能在数据库执行收缩操作时备份数据库。

3.2.5 使用 SSMS 分离和附加数据库

使用分离和附加数据库的方法，可以实现对数据库的复制。对于 SQL Server 数据库来说，分离和附加数据库，在执行速度和实现数据库的复制功能上更加方便、快捷。除了系统数据库外，其余的数据库都可以从服务器的管理中分离出来，分离的时候不会对其他数据库造成影响，脱离数据库管理的同时也保持了数据文件和日志文件的完整性和一致性。分离后的数据库可以根据需要重新将其附加到任何数据库服务器中。

【例 3.5】MX 公司现在对于数据库服务器进行升级，现在需要将数据库从原服务器转移到新的数据库服务器上。

具体操作步骤如下：

（1）在"对象资源管理器"中，连接到 SQL Server 数据库引擎的实例，然后展开该实例。

（2）展开"数据库"，右击 MXDB 的数据库，在弹出的快捷菜单中选择"任务"→"分离"命令，在打开的"分离数据库"窗口中勾选"删除连接"和"更新统计信息"，单击"确定"按钮，如图 3.8 所示，完成分离数据库操作。此时在对象资源管理器中已经看不到 MXDB 数据库了。

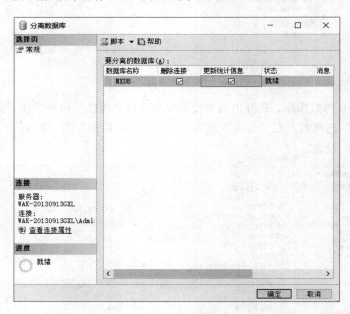

图 3.8 "分离数据库"窗口

（3）用 U 盘或者其他方式将 MXDB 对应的数据库文件复制到备份数据库服务器上。

（4）在备份数据库服务器的"对象资源管理器"中右击"数据库"，在弹出的快捷菜单中选择"附加"命令，在打开的"附加数据库"窗口中，单击"添加"按钮，定位到备份数据库服务器中 MXDB 数据的主数据文件"MXDB_New.mdf"，单击"确定"按钮，如图 3.9 所示，完成附加数据库操作。此时在"对象资源管理器"中就可以看到 MXDB 数据库了。

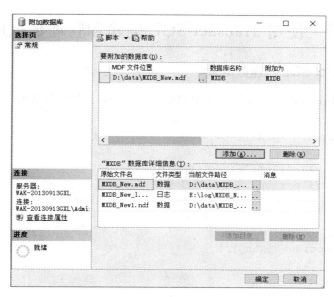

图 3.9　"附加数据库"窗口

3.2.6　使用 SSMS 删除数据库

【例 3.6】MX 公司的数据库服务器升级结束后，备份数据库服务器上的 MXDB 数据库已经没有用了，为了统一将其进行删除。

具体操作步骤如下：

（1）在"对象资源管理器"中，连接到 SQL Server 数据库引擎的实例，然后展开该实例。

（2）展开"数据库"，右击 MXDB 的数据库，在弹出的快捷菜单中选择"删除"命令，在打开的"删除对象"窗口中单击"确定"按钮，如图 3.10 所示，完成 MXDB 数据库的删除。

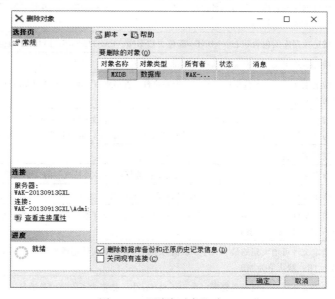

图 3.10　"删除对象"窗口

3.3 使用 Transact-SQL 创建和管理数据库

3.3.1 使用 Transact-SQL 创建数据库

创建数据库的 Transact-SQL 语句是 CREATE DATABASE 语句，其基本语法如下：

```
CREATE DATABASE database_name
[ CONTAINMENT={ NONE|PARTIAL } ]
[ ON
    [ PRIMARY ] <filespec> [ ,…n ]
    [ , <filegroup> [ ,…n ] ]
    [ LOG ON <filespec> [ ,…n ] ]
]
[ COLLATE collation_name ]
[ WITH  <option> [,…n ] ]
[;]
<filespec> ::=
{ (
    NAME=logical_file_name,
    FILENAME={ 'os_file_name'|'filestream_path' }
    [ , SIZE=size [ KB|MB|GB|TB ] ]
    [ , MAXSIZE={ max_size [ KB|MB|GB|TB ]|UNLIMITED } ]
    [ , FILEGROWTH=growth_increment [ KB|MB|GB|TB|% ] ]
) }
```

CREATE DATABASE 语句的参数及说明如表 3.3 所示。

表 3.3 CREATE DATABASE 语句的参数及说明

参　　数	说　　明
database_name	新数据库的名称。数据库名称在 SQL Server 的实例中必须唯一，并且必须符合标识符规则。最多可以包含 128 个字符
CONTAINMENT	指定数据库的包含状态。NONE =非包含数据库。PARTIAL =部分包含的数据库
ON	指定显式定义用来存储数据库数据部分的数据文件
PRIMARY	指定主文件。一个数据库只能有一个主文件。省略则以 CREATE DATABASE 语句中列出的第一个文件为主文件
LOG ON	指定显式定义用来存储数据库日志的磁盘文件（日志文件）。省略则自动创建一个日志文件，其大小为该数据库的所有数据文件大小总和的 25%或 512 KB，取两者之中的较大者
<filespec>	控制文件属性
NAME	指定文件的逻辑名称。Logical_file_name 在数据库中必须是唯一的，必须符合标识符规则
FILENAME	指定操作系统（物理）文件名称。' os_file_name '是创建文件时由操作系统使用的路径和文件名
SIZE	指定文件初始的大小，取值为整数。省略则使用 model 数据库中的主文件的大小。单位为 MB、KB、GB、TB，默认值为 MB
MAXSIZE	指定文件可增大到的最大大小，取值为整数。省略则文件将增长到磁盘变满为止。单位为 MB、KB、GB、TB，默认值为 MB
UNLIMITED	指定文件将增长到磁盘充满。在 SQL Server 中，指定为不限制增长的日志文件的最大大小为 2 TB，而数据文件的最大大小为 16 TB

参　数	说　明
FILEGROWTH	指定文件的自动增量。单位为 MB、KB、GB、TB 或百分比（％）为单位指定，则默认值为 MB。值为 0 时表明自动增长被设置为关闭，不允许增加空间
<filegroup>	控制文件组属性
COLLATE	指定数据库的默认排序规则。省略则采用 SQL Server 实例的默认排序规则分配为数据库的排序规则

其中，Transact-SQL 语句中的主要约定及用途如表 3.4 所示。

表 3.4　Transact-SQL 语句中的主要约定及用途

约　定	用　途
大写	Transact-SQL 关键字
斜体	用户提供的 Transact-SQL 语句的参数
下画线	指示当语句中省略了包含带下画线的值的子句时应用的默认值
|（竖线）	分隔括号或花括号中的语法项。只能使用其中一项
[]（方括号）	可选语法项。不要键入方括号
{}（花括号）	必选语法项。不要键入花括号
[,...n]	指示前面的项可以重复 n 次。各项之间以逗号分隔
[...n]	指示前面的项可以重复 n 次。每一项由空格分隔
[;]	可选的 Transact-SQL 语句终止符。不要键入方括号

【例 3.7】AIX 学校要建立一个学籍管理数据库 AIXstatus。其中主数据文件为 AIXstatus.mdf，初始大小是 10 MB，最大文件大小为 10 GB，增长大小是 10%；次要数据文件 AIXstatus1.ndf 和 AIXstatus2.ndf，初始大小都是 5 MB，增长大小是 10 MB，最大文件大小为无限制，所有数据文件存放在 D: \data 文件夹。日志文件为 AIXstatus_log.ldf，初始大小为 2 MB，增长大小为 5 MB，存放在 E:\log 文件夹。

具体操作步骤如下：

（1）在操作系统下分别创建"D: \data"和"E:\log"两个文件夹。

（2）在 SSMS 中，单击工具栏中的"新建查询"按钮，打开"查询设计器"。输入如下代码：

```
CREATE DATABASE AIXstatus              --指定数据库名称为 AIXstatus
ON                                     --创建数据文件
PRIMARY                                --指定主数据文件
  (
NAME=AIXstatus,                        --指定主数据文件逻辑名为 AIXstatus
  FILENAME='D:\data\AIXstatus.mdf',    --指定主数据文件物理名
  SIZE=10MB,                           --指定初始大小为 10 MB
  MAXSIZE=10GB,                        --指定最大文件大小为 10 GB
  FILEGROWTH=10%                       --指定文件自动增长 10%
),
  (
NAME=AIXstatus1,                       --指定次要数据文件逻辑名为 AIXstatus1
  FILENAME='D:\data\AIXstatus1.ndf',   --指定次要数据库文件 1 物理名
  SIZE=5MB,                            --指定初始大小为 5 MB
```

```
    MAXSIZE=UNLIMITED,                              --指定最大大小为无限制
    FILEGROWTH=10MB                                 --指定文件增长速度为 10 MB
),
(
NAME=AIXstatus2,                                    --指定次要数据文件逻辑名为 AIXstatus12
    FILENAME='D:\data\AIXstatus2.ndf',             --指定次要数据库文件 2 物理名
    SIZE=5MB,                                       --指定初始大小为 5 MB
    FILEGROWTH=10                                   --指定文件增长速度为 10 MB
)
LOG ON                                              --创建日志文件
(
NAME=AIXstatus_log,                                 --指定数据日志文件逻辑名
    FILENAME='E:\log\AIXstatus_log.log',           --指定数据日志文件物理名
    SIZE=2MB,                                       --指定初始大小为 2 MB
    FILEGROWTH=5MB                                  --指定文件增长速度为 5 MB
)
```

（3）输入完成后，单击工具栏中的"执行"按钮，执行该段代码，运行结果如图 3.11 所示。

图 3.11　创建数据库 AIXstatus 代码执行结果

　　（4）在"对象资源管理器"中展开"数据库"，右击"数据库"，在弹出的快捷菜单中选择"刷新"命令，即可看到新建的数据库 AIXstatus。

3.3.2　使用 Transact-SQL 修改数据库

　　创建数据库的 Transact-SQL 语句是 ALTER DATABASE 语句，其基本语法如下：

```
ALTER DATABASE database_name
{
  MODIFY NAME=new_database_name
  | ADD FILE <filespec> [ ,…n ]
      [ TO FILEGROUP { filegroup_name } ]
  | ADD LOG FILE <filespec> [ ,…n ]
  | REMOVE FILE logical_file_name
  | MODIFY FILE <filespec>
}
[;]
```

ALTER DATABASE 语句的参数及说明如表 3.5 所示。

表 3.5　ALTER DATABASE 语句的参数及说明

参　数	说　明
database_name	要修改数据库的名称
MODIFY NAME	指定新的数据库名称
ADD FILE	向数据库中添加数据文件
ADD LOG FILE	向数据库中添加日志文件
TO FILEGROUP	将指定文件添加到文件组
ADD LOG FILE	向数据库添加日志文件
REMOVE FILE	从数据库中删除文件
MODIFY FILE	修改指定文件

【例 3.8】修改学籍管理数据库 AIXstatus。首先将日志文件 AIXstatus_log.ldf 的初始大小改为 20 MB；然后添加新的日志文件 AIXstatus_log2.ldf，初始大小是 10 MB，增长大小是 15 MB，存放在 E:\log 文件夹；最后将次要数据库文件 AIXstatus1.ndf 删除。

具体操作步骤如下：

（1）在 SSMS 中，单击工具栏中的"新建查询"按钮，打开"查询设计器"，输入如下代码，输入完成后，单击工具栏中的"执行"按钮，执行该段代码完成日志文件初始大小的修改。

```
ALTER DATABASE AIXstatus          --修改数据库 AIXstatus
MODIFY FILE                       --修改指定文件
(
NAME='AIXstatus_log',             --指定修改文件为 AIXstatus_log.ldf
SIZE=20MB                         --修改其初始大小为 20 MB
)
```

（2）在"查询设计器"中输入如下代码，输入完成后，单击工具栏中的"执行"按钮，执行该段代码完成新日志文件 AIXstatus_log2.ldf 的添加。

```
ALTER DATABASE AIXstatus                     --修改数据库 AIXstatus
ADD LOG FILE                                 --向数据库中添加日志文件
(
NAME=AIXstatus_log2,                         --指定数据日志文件逻辑名
FILENAME='E:\log\AIXstatus_log2.log',        --指定数据日志文件物理名
SIZE=10MB,                                    --指定初始大小为 10 MB
FILEGROWTH=15MB                              --指定文件增长速度为 15 MB
)
```

（3）在"查询设计器"中输入如下代码，输入完成后，单击工具栏中的"执行"按钮，执行该段代码次要数据库文件 AIXstatus1.ndf 删除。

```
ALTER DATABASE AIXstatus          --修改数据库 AIXstatus
REMOVE FILE  AIXstatus1           --从数据库中删除 AIXstatus1.ndf 文件
```

3.3.3　使用 Transact-SQL 重命名数据库

数据库重命名除了可以用 ALTER DATABASE 语句外，还可以采用系统存储过程 sp_renamedb，其基本语法如下：

```
sp_renamedb [ @dbname= ] 'old_name' , [ @newname= ] 'new_name'
```

系统存储过程 sp_renamedb 的参数及说明如表 3.6 所示。

表 3.6　系统存储过程 sp_renamedb 的参数及说明

参　　数	说　　明
old_name	数据库的当前名称
new_name	数据库的新名称

【例 3.9】AIX 学校又创建了新的学籍管理数据库，为了不产生混淆，现在数据库 AIXstatus 更名为 AIXstatus_old。

具体操作步骤如下：

（1）方法一。使用 ALTER DATABASE 语句。在 SSMS 中，单击工具栏中的"新建查询"按钮，打开"查询设计器"，输入如下代码，输入完成后，单击工具栏中的"执行"按钮，执行该段代码完成数据库更名。

```
ALTER DATABASE 'AIXstatus' MODIFY NAME = 'AIXstatus_old'
```

（2）方法二。使用系统存储过程 sp_renamedb。在 SSMS 中，单击工具栏中的"新建查询"按钮，打开"查询设计器"，输入如下代码，输入完成后，单击工具栏中的"执行"按钮，执行该段代码完成数据库更名。

```
EXECUTE sp_renamedb 'AIXstatus','AIXstatus_old'
```

3.3.4　使用 Transact-SQL 删除数据库

删除数据库的 Transact-SQL 语句是 DROP DATABASE 语句，其基本语法如下：

```
DROP DATABASE database_name
```

【例 3.10】使用 DROP DATABASE 语句删除 AIXstatus_old 数据库。

在 SSMS 中，单击工具栏中的"新建查询"按钮，打开"查询设计器"，输入如下代码，输入完成后，单击工具栏中的"执行"按钮，执行该段代码完成数据库删除。

```
DROP DATABASE 'AIXstatus_old'
```

注意：使用 DROP DATABASE 语句删除数据库时，系统中必须存在要删除的数据库。不能删除当前正在使用的数据库。

小　　结

本章主要介绍了数据库的创建和管理，包括主要的 4 个系统数据库：master 数据库、model 数据库、msdb 数据库和 tempdb 数据库，常见的数据库对象、数据库文件和文件组；重点讲解了如何利用 SSMS 和 Transact-SQL 语句创建、修改、重命名、删除数据库，数据库的分离与附加等。

习　　题

一、选择题

1. （　　　）数据库是 SQL Server 中最重要的数据库，是整个数据库服务器的核心。

　A．master　　　　　　B．tempdb　　　　　　C．model　　　　　　D．mdb

2. （　　）是包含数据库中所有数据的数据库对象。表由行和列组成，每一行代表一条唯一的记录，每一列代表记录中的一个字段。

　　A. 表　　　　　　　B. 视图　　　　　　C. 索引　　　　　　D. 存储过程

3. （　　）是某个表中一个列或多列值的集合和相应的指向表中物理标识这些值的数据页的逻辑指针。

　　A. 表　　　　　　　B. 视图　　　　　　C. 索引　　　　　　D. 存储过程

4. SQL Server 数据库具有三种类型的文件，（　　）、次要数据库文件和事务日志文件。

　　A. 主数据文件　　　B. 文档文件　　　　C. 索引文件　　　　D. 磁盘文件

5. 每个数据库有且只有一个主要数据文件，主要数据文件扩展名是（　　）。

　　A. .mdf　　　　　　B. .ndf　　　　　　C. .ldf　　　　　　D. .pdf

二、操作题

1. 使用 SSMS 创建名为 teacher 的数据库，并设置数据库主文件名为 teacher_data，初始大小为 10 MB，事务日记文件名为 teacher_log，初始大小为 2 MB。

2. 使用 SSMS 修改数据库 teacher，增加一个辅助数据文件，文件名为 teacher_data2，初始大小为 10 MB，最大大小为无限制，增长速度为 20 MB。

3. 使用 SSMS 收缩数据库 teacher，收缩数据文件大小为 15 MB。

4. 使用 SSMS 将数据库 teacher 从本机分离出来，附加到另外一台计算机的 SQL Server 服务器上。

5. 使用 Transact-SQL 创建名为 student 的数据库，并设置数据库主文件名为 student_data，初始大小为 10 MB，最大大小为无限制，增长速度为 20%，日记文件名为 student_log，初始大小为 2 MB，最大大小为 5 MB，增长速度为 1 MB。

6. 使用 Transact-SQL 给数据库 student 重命名为 student1。

7. 使用 Transact-SQL 删除数据库 student1 和 teacher。

第 4 章　表的创建和管理

表是数据库中最重要的对象之一，是实际存储数据的地方。其他的数据库对象，如索引、视图等都是依赖于表而存在的。创建表是创建数据库的基础操作之一，表的质量优劣直接影响整个数据库性能。

通过本章的学习，您将掌握以下知识及技能：

（1）了解 SQL Server 中表的基本结构。

（2）熟悉 SQL Server 中的各种数据类型的特点和用途。

（3）理解主键约束、外键约束、检查约束等的作用。

（4）熟练掌握表的创建和管理的方法。

（5）熟练掌握表中字段的增加、修改和删除的方法。

（6）熟练掌握表中各种约束的设置和管理的方法。

（7）熟练掌握创建和管理数据库关系图的方法。

4.1　表　概　述

4.1.1　表的基本结构

表是组成数据库的基本元素，是 SQL Server 中一个很重要的数据库对象，用于存储数据库中所有数据。数据在表中的逻辑组织方式与在电子表格中相似，都是按行和列的格式组织的。行被称为记录，是组织数据的单位；列被称为字段，每一列代表记录的一个属性。

例如，公司员工表中，每一行代表一名员工，各列分别代表该员工的信息，如员工编号、姓名、性别、部门、职务、联系电话等，如图 4.1 所示。

员工编号	姓名	性别	部门	职务	联系电话
3601	王豪	男	市场部	销售经理	135××××4563
3602	林育贤	男	策划部	推广经理	133××××1254
3603	李琳琳	女	行政部	总裁助理	189××××2587

图 4.1　员工表的基本结构

4.1.2　表的类型

除了基本用户定义表以外，SQL Server 还提供了下列类型的表，这些表在数据库中起着特殊的作用。

1．系统表

SQL Server 将定义服务器配置及其所有表的数据存储在一组特殊的表中，这组表称为系统表。用户不能直接查询或更新系统表，可以通过系统视图查看系统表中的信息。

2．临时表

临时表有两种类型：本地表和全局表。本地临时表的名称以单个数字符号（#）打头，它们仅对当前的用户连接是可见的，当用户从 SQL Server 实例断开连接时被删除。全局临时表的名称以两个数字符号（##）打头，创建后对任何用户都是可见的，当所有引用该表的用户从 SQL Server 实例断开连接时将被删除。临时表存储在 tempdb 中。

3．已分区表

已分区表是将数据水平划分为多个单元的表，这些单元可以分布到数据库中的多个文件组中。在维护整个集合的完整性时，使用分区可以快速而有效地访问或管理数据子集，从而使大型表或索引更易于管理。

4．宽表

宽表使用稀疏列，从而将表可以包含的总列数增大为 30 000 列。稀疏列是对 Null 值采用优化的存储方式的普通列。稀疏列减少了 Null 值的空间需求，但代价是检索非 Null 值的开销增加。

4.1.3　数据类型

SQL Server 中的数据类型分为两种：基本数据类型（系统数据类型）和用户定义数据类型。

1．基本数据类型

基本数据类型按照数据的表现方式和存储方式的不同可以分为精确数字、近似数字、日期和时间、字符串、Unicode 字符串、二进制字符串、CLR 数据类型、空间数据类型等，不同的数据结构可以为表的列指定不同的数据取值范围。常用的基本数据类型具体介绍如表 4.1 所示。

表 4.1　基本数据类型

分　类		数 据 类 型	取 值 范 围
精确数字	整数	bigint	长整型，$-2^{63} \sim 2^{63}-1$
		int	整型，$-2^{31} \sim 2^{31}-1$
		samllint	短整型，$-2^{15} \sim 2^{15}-1$
		tinyint	更小的整数，$0 \sim 255$
	小数	decimal[(p[,s])]	固定精度和小数位数，$-10^{38} \sim 10^{38}-1$，p 表示精度，s 表示小数位数，$0 \leqslant s \leqslant p$。最大存储大小基于精度而变化
		numeric[(p[,s])]	同 decimal
	货币	Money	货币型，$-2^{63} \sim 2^{63}-1$（保留小数点后 4 位）
		smallmoney	小货币型，$-2^{31} \sim 2^{31}-1$（保留小数点后 4 位）

分　类	数 据 类 型	取 值 范 围
近似数字	float [(n)]	小数，$-1.79E+308\sim1.79E+308$
	Real	小数，$-3.40E+38\sim3.40E+38$
日期和时间	Date	日期，$0001-01-01\sim9999-12-31$，精确到 3.33 ms
	Datetime	日期，$1753-01-01\sim9999-12-31$，精确到 3.33 ms
	datetime2	日期，$0001-01-01\sim9999-12-31$，精确到 100 ns
	datetimeoffset	日期时间瞬间，$0001-01-01\sim9999-12-31$，精确到 100 ns
	Time	时间瞬间，24 小时制
	smalldatetime	日期，$1990-01-01\sim2079-06-06$，精确到 1 m
字符串	char [(n)]	固定长度，非 Unicode 字符串数据。n 取值为 $1\sim8000$
	varchar [(n)]	可变长度，非 Unicode 字符串数据。n 取值为 $1\sim8000$
	Text	可变长度，非 Unicode 字符串数据。n 取值为 $1\sim2^{31}-1$
Unicode 字符串	nchar [(n)]	固定长度的 Unicode 字符串数据。n 取值为 $1\sim4000$
	nvarchar [(n)]	可变长度的 Unicode 字符串数据。n 取值为 $1\sim4000$
	Ntext	可变长度的 Unicode 字符串数据。n 取值为 $1\sim2^{30}-1$
二进制字符串	binary [(n)]	固定长度的二进制数据，n 取值为 $1\sim8000$
	varbinary [(n)]	可变长度的二进制数据，最大取值为 8000
CLR 数据	hierarchyid	树状结构，存储行在层次结构中的准备定位
空间数据	Geometry	存储欧几里得坐标系中的数据
	geography	为空间数据提供了一个由精度和纬度定义的存储结构
其他	Sql_variant	用于存储各种数据类型的值
	uniqueidentifier	用于存储全球唯一标识符 GUID
	Xml	用于存储 XML 数据

2．用户定义数据类型

SQL Server 除了基本数据类型外，还允许用户定义数据类型，用户定义数据类型是数据库开发人员建立在基本数据类型基础上的，根据自己的实际需求定义符合自己开发需要的数据类型。

在 SQL Server 中，用户定义数据类型可以使用 SSMS 创建和 Transact-SQL 语句创建。

1）使用 SSMS 创建用户定义数据类型

【例 4.1】在 ReportServer 数据库中，创建用来存储手机号码信息的 mobile-number 用户定义数据类型，数据类型为 varchar，长度为 11，允许为空。

具体操作步骤如下：

（1）在"对象资源管理器"中，连接到 SQL Server 数据库引擎的实例，然后展开该实例。

（2）依次展开"数据库"→"ReportServer"→"可编程性"→"类型"→"用户定义数据类型"，如图 4.2 所示。

（3）右击"用户定义数据类型"，在弹出的快捷菜单中选择"新建用户定义数据类型"命令，在打开的"新建用户定义数据类型"窗口中名称处输入"mobile-number"，在"数据类型"下拉列表框中选择"varchar"，在"长度"文本框中输入"11"，勾选"允许 NULL 值"复选框，如图 4.3 所示。

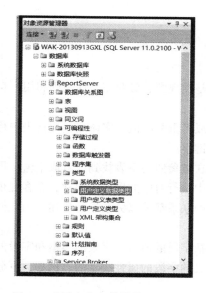

图 4.2　"用户定义数据类型"选项

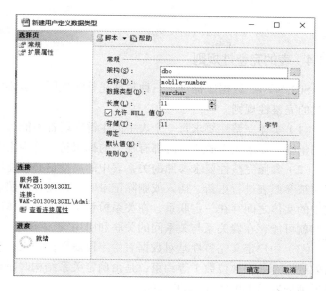

图 4.3　"新建用户定义数据类型"窗口

（4）单击"确定"按钮，完成"mobile-number"用户定义数据类型的创建。

2）使用 Transact-SQL 创建用户定义数据类型

创建用户定义数据类型的 Transact-SQL 语句是 CREATE TYPE 语句，其基本语法如下：

```
CREATE TYPE [ schema_name. ] type_name
{
    FROM base_type
    [ ( precision [ , scale ] ) ]
    [ NULL | NOT NULL ]
}
```

CREATE TYPE 语句的参数及说明如表 4.2 所示。

表 4.2　CREATE TYPE 语句的参数及说明

参　　　数	说　　　明
schema_name	用户定义类型所属架构的名称
type_name	用户定义类型的名称。类型名称必须符合标识符的规则
base_type	用户定义类型所基于的数据类型，由 SQL Server 提供
precision [, scale]	decimal 或 numeric 所保留的精度和小数位
NULL | NOT NULL	指定此类型是否可容纳空值。缺省为 NULL

【例 4.2】在 ReportServer 数据库中，创建用来存储邮政编码信息的 postcode 用户定义数据类型，数据类型为 varchar，长度为 6，允许为空。

具体操作步骤如下：

在 SSMS 中，单击工具栏中的"新建查询"按钮，打开"查询设计器"，输入如下代码，输入完成后，单击工具栏中的"执行"按钮，执行该段代码完成 postcode 数据类型的创建。

```
USE ReportServer
GO
```

```
CREATE TYPE postcode
FROM varchar(6)  NULL
```

4.1.4　表的完整性规则

SQL Server 数据库提供了三种数据完整性规则：实体完整性规则、参照完整性规则和用户自定义的完整性规则。

（1）实体完整性要求每一个表中的主键字段都不能为空或者重复的值。实体完整性指表中行的完整性，要求表中的所有行都有唯一的标识符，称为主关键字。

（2）参照完整性要求参照的关系表中的属性值必须能够在被参照关系表找到或者取空值。可以在被参照表进行更新、插入或删除记录时，自动在参照表中执行对应的操作。通常，在客观现实中的实体之间存在一定联系，在关系模型中实体及实体间的联系都是以关系进行描述，因此操作时就可能存在着关系与关系间的关联和引用。

（3）用户定义完整性是对数据表中字段属性的约束，包括字段的值域、字段的类型和字段的有效规则（如小数位数）等约束，是由确定关系结构时所定义的字段的属性决定的。例如，百分制成绩的取值范围在 0～100 之间。

4.1.5　表的约束

约束定义了必须遵循的用户维护数据一致性和正确性的规则,是实现数据完整性的重要手段,在 SQL Server 2012 中的约束主要有主键约束（PRIMARY KEY constraint）、唯一性约束（UNIQUE constraint）、检查约束（CHECK constraint）、默认约束（DEFAULT constraint）、外键约束（FOREIGN KEY constraint）。

1. 主键约束

表通常具有包含唯一标识表中每一行的值的一列或一组列。这样的一列或多列称为表的主键（PK），用于强制表的实体完整性。使用主键约束时，应注意以下事项：

（1）一个表只能包含一个主键约束。

（2）主键不能超过 16 列，且总密钥长度不能超过 900 个字节。

（3）在主键约束中定义的所有列都必须定义为不为 Null。

2. 唯一性约束

唯一性约束可以确保在非主键字段中不输入重复的值，用于指定一个或多个列的组合值具有唯一性。使用唯一性约束时，应注意以下事项：

（1）使用唯一性约束的字段允许为空值。

（2）一个表中可以允许设置多个唯一性约束。

（3）可以把唯一性约束定义在多个字段上。

3. 检查约束

检查约束对输入列或者整个表中的值设置检查条件，以限制输入值，保证数据库数据的完整性。使用检查约束时，应注意以下事项：

（1）一个表可以定义多个检查约束。

（2）每个 CREATE TABLE 语句中每个字段只能定义一个检查约束。

（3）在多个字段上定义检查约束，则必须将检查约束定义为表级约束。

（4）当执行 INSERT 语句或者 UPDATE 语句时，检查约束将验证数据。

（5）检查约束中不能包含子查询。

4．默认约束

默认约束指定在插入操作中如果没有提供输入值时，则系统自动指定插入值。使用默认值约束时，应注意以下事项：

（1）每个字段只能定义一个默认约束。

（2）如果定义的默认值大于其对应字段的允许长度，则输入的默认值将被截断。

5．外键约束

外键约束主要用来维护两个表之间数据的一致性，实现数据表之间的参照完整性。外键是用于在两个表中的数据之间建立和加强连接的一列或多列的组合，可控制可在外键表中存储的数据。在外键引用中，当一个表的列被引用作为另一个表的主键值的列时，就在两表之间创建了连接。这个列就成为第二个表的外键。使用外键约束时，应注意以下事项：

（1）主键和外键的数据类型必须严格匹配。

（2）一个表中最多可以有 31 个外键约束。

（3）在临时表中，不能使用外键约束。

4.2　使用 SSMS 创建和修改表

SQL Server 创建表的过程就是规定字段属性的过程，同时也是实施数据完整性的过程。创建数据库表需要确定的有表的名字、列的名字、数据类型、是否允许为空，以及确定主键、必要的默认值、检查约束、外键约束等内容。

4.2.1　使用 SSMS 创建表

【例 4.3】AIX 学校为了管理学生成绩，建立了一个成绩管理数据库 AMDB，现在在该数据库中要添加适当的表，并进行优化。首先，创建学生（student）表和班级（class）表，两个表的具体结构如表 4.3 和表 4.4 所示。

表 4.3　学生（student）表

字 段 名 称	说　　明	字 段 类 型	字 段 长 度	是 否 为 空
stu_no	学号	varchar	15	不允许
stu_name	学生姓名	nchar	10	不允许
stu_sex	学生性别	char	2	不允许
birthday	出生日期	datetime		允许
polity	政治面貌	char	4	允许
phonenumber	手机号码	varchar	11	允许
age	年龄	int		允许

表 4.4　班级（class）表

字 段 名 称	说　明	字 段 类 型	字 段 长 度	是 否 为 空
class_no	班级编号	varchar	15	不允许
class_name	班级名称	varchar	30	不允许

具体操作步骤如下：

（1）在"对象资源管理器"中，连接到 SQL Server 数据库引擎的实例，然后展开该实例。

（2）依次展开"数据库"→"AMDB"，右击数据库的"表"结点，在弹出的快捷菜单中选择"新建表"命令。

（3）按照表 4.3 输入列名（字段名），选择数据类型，并选择各个列是否允许空值，如图 4.4 所示。

（4）单击工具栏中的"保存"按钮，在打开的"选择名称"对话框中输入表名"student"，单击"确定"按钮，完成学生（student）表的创建，如图 4.5 所示。

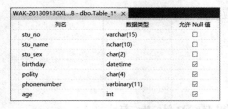

图 4.4　学生（student）表设计

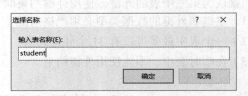

图 4.5　"选择名称"对话框

（5）重复（2）～（4）步，参照表 4.4，完成班级"class"的创建，如图 4.6 所示。

（6）右击"AMDB"数据库的"表"结点，在弹出的快捷菜单中选择"刷新"命令，即可看到新建的两个表，如图 4.7 所示。

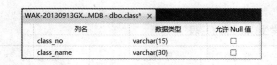

图 4.6　班级"class"表设计

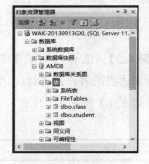

图 4.7　新增加的表

4.2.2　使用 SSMS 修改表字段

【例 4.4】现在要对成绩管理数据库 AMDB 中的学生（student）表进行字段修改，修改的内容包括将学生姓名 stu_name 字段的数据类型修改为 varchar（10），然后删除手机号码 phonenumber 字段，最后为了建立参照完整性，增加班级编号 class_no 字段。

具体操作步骤如下：

（1）在"对象资源管理器"中，右击"student"表，在弹出的快捷菜单中选择"设计"命令，打开"表设计器"。

（2）选中"stu_name"字段，单击"数据类型"单元格，在下拉列表中选择 varchar (50)数据类型，最后在"列属性"→"长度"中设置字段长度为 10，如图 4.8 所示，单击"保存"按钮，完成 stu_name 字段的修改。

（3）右击"phonenumber"，在弹出的快捷菜单中选择"删除列"命令，如图 4.9 所示，完成 phonenumber 字段的删除。

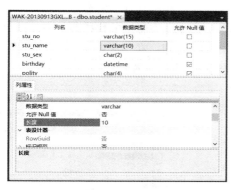
图 4.8 修改 stu_name 字段

图 4.9 删除 phonenumber 字段

（4）单击"列名"列中的第一个空单元，列名中输入"class_no"，在"数据类型"下拉列表中选择 varchar(50)，并修改长度为 15，最后取消允许 Null 值的勾选，如图 4.10 所示，单击"保存"按钮，完成 class_no 字段的增加。

图 4.10 增加 class_no 字段

4.2.3 使用 SSMS 设置表约束

【例 4.5】现在要对成绩管理数据库 AMDB 中的学生（student）表和班级（class）表进行各种约束的设置，设置的内容包括：

- 设置学生（student）表的学号 stu_no 字段和班级（class）表的班级编号 class_no 字段为 2 个表的主键。
- 给学生（student）表的学生性别 Stu_sex 字段设置检查约束，设置只能输入"男"或者"女"。
- 给学生（student）表的年龄 age 字段设置默认约束，默认值为"18"。
- 给班级（class）表的班级名称 Class_name 字段设置不允许重复的唯一性约束。
- 在两个表之间建立外键约束，主键为班级（class）表的班级编号 class_no 字段，外键为学生（student）表的班级编号 class_no 字段。

具体操作步骤如下：

使用 SSMS 进行表的各种约束设置基本上都在"表设计器"中进行。

（1）在"对象资源管理器"中，右击要进行设置的表，在弹出的快捷菜单中选择"设计"命令，打开"表设计器"。

（2）在"student"表的"表设计器"中，右击"stu_no"字段，在弹出的快捷菜单中选择"设置主键"命令，如图 4.11 所示，单击"保存"按钮，完成 student 表主键的设置。

（3）在"class"表的"表设计器"中单击"class_no"字段，单击工具栏中的 ，设置 class_no 为主键。

（4）在"student"表的"表设计器"中，右击"stu_sex"字段，在弹出的快捷菜单中选择"CHECK 约束"命令，打开"CHECK 约束"对话框。单击"添加"按钮，在"常规"→"表达式"中输入"stu_sex='男' or stu_sex='女'"，如图 4.12 所示，完成检查约束的设置。

图 4.11 "设置主键"命令

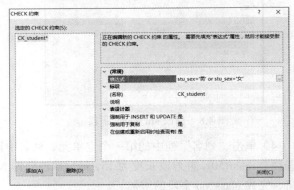

图 4.12 "CHECK 约束"对话框

（5）在"student"表的"表设计器"中单击"age"字段，在"列属性"→"常规"→"默认值或绑定"中输入"18"，如图 4.13 所示，单击"保存"按钮，完成默认约束的设置。

（6）在"class"表的"表设计器"中，右击"class_name"字段，在弹出的快捷菜单中选择"索引/键"命令，打开"索引/键"对话框。单击"添加"按钮，在"常规"→"类型"下拉列表中选择"唯一键"，在"常规"→"列"浏览找到"class_name"字段，如图 4.14 所示，完成唯一性约束的设置。

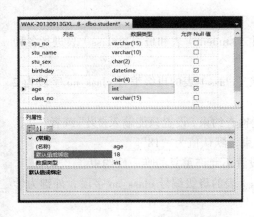

图 4.13 默认值设置

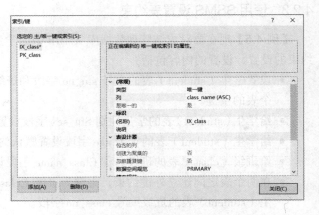

图 4.14 "索引/键"对话框

（7）在"student"表的"表设计器"中右击"class_no"字段，在弹出的快捷菜单中选择"关系"命令，打开"外键关系"对话框，如图 4.15 所示。单击"添加"按钮，在"常规"→"表和列规范"中单击右侧浏览按钮，设置对应的主键和外键，如图 4.16 所示，完成外键约束的设置。

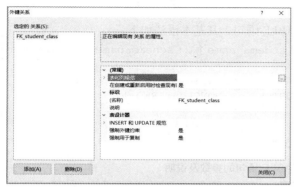
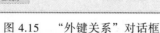

图 4.15　"外键关系"对话框

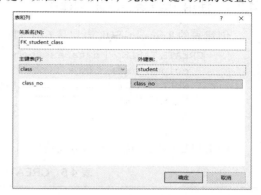

图 4.16　设置主、外键

注意：当不需要约束的时候可以将其修改或者删除，修改的方法同创建的方法。利用 SSMS 删除约束的方法是找到对应的约束对话框，选中要删除的约束，单击"删除"按钮即可。

4.2.4　使用 SSMS 重命名表

【例 4.6】将 ReportServer 数据库中的"Batch"表重命名为"Batch_new"。

具体操作步骤如下：

（1）在"对象资源管理器"中，依次展开"服务器实例"→"数据库"→"ReportServer"→"表"，右击 Batch 表，在弹出的快捷菜单中选择"重命名"命令，如图 4.17 所示。

（2）输入新的数据表名称"Batch_new"，然后按【Enter】键，完成重命名。

注意：如果现有查询、视图、用户定义的函数、存储过程或程序引用该表，则名称的修改将使这些对象无效。

4.2.5　使用 SSMS 删除表

【例 4.7】删除 ReportServer 数据库中的"Batch_new"表。

具体操作步骤如下：

（1）在"对象资源管理器"中，依次展开"服务器实例"→"数据库"→"ReportServer"→"表"→"Batch_new"。

（2）右击"Batch_new"表，在弹出的快捷菜单中选择"删除"命令，在打开的"删除对象"对话框中单击"确定"按钮，完成 Batch_new 表的删除。

图 4.17　"重命名"命令

注意：在删除一个表时，该表位于其上的整个选项卡都将被删除。如果任何度量值与该表相关联，则也将删除该度量值的定义。

4.3 使用 Transact-SQL 创建和管理表

4.3.1 使用 Transact-SQL 创建表

创建表的 Transact-SQL 语句是 CREATE TABLE 语句，其基本语法如下：

```
CREATE TABLE  [ database_name . [ schema_name ] . | schema_name . ] table_name
[ column_name <data_type>
[ NULL | NOT NULL ] | [ DEFAULT constraint_expression ] |
{ PRIMARY KEY | UNIQUE } [ CLUSTERED | NONCLUSTERED ]
[ ASC | DESC ] ]
[ , …n ]
```

CREATE TABLE 语句的参数及说明如表 4.5 所示。

表 4.5　CREATE TABLE 语句的参数及说明

参　　数	说　　明
table_name	新表的名称。表名必须遵循有关标识符的规则
column_name	指定数据表中各个列的名称，列名必须唯一
data_type	指定字段列的数据类型
NULL | NOT NULL	表示确定列种是否允许使用空值
DEFAULT	用于指定列的默认值
PRIMARY KEY	主键约束
UNIQUE	唯一性约束
CLUSTERED | NONCLUSTERED	聚集/非聚集
ASC | DESC	升序/降序，默认为升序

【例 4.8】成绩管理数据库 AMDB 中要继续增加新表，现在要增加的表是教师（teacher）表课程（course）表和，两个表的具体结构如表 4.6 和表 4.7 所示。

表 4.6　教师（teacher）表

字 段 名 称	说　　明	字 段 类 型	字 段 长 度	是 否 为 空
t_no	教师编号，主键	varchar	15	不允许
t_name	教师姓名	varchar	10	不允许
t_sex	教师性别	char	2	允许
proTitle	职称	varchar	10	允许

表 4.7　课程（course）表

字 段 名 称	说　　明	字 段 类 型	字 段 长 度	是 否 为 空
course_no	课程编号，主键	varchar	15	不允许
course_name	课程名称	varchar	30	不允许
credit	学分	int		不允许
hours	学时	int		不允许

具体操作步骤如下：

（1）创建教师（teacher）表的 SQL 语句如下：

```
USE AMDB                                  --使用 AMDB 数据库
GO

CREATE TABLE teacher                      --创建表 teacher
(
t_no varchar(15) primary key not null,    --教师编号,主键
t_name varchar(10) not null,              --教师姓名
t_sex char(2) default '男' null,          --教师性别，默认值为男
proTitle varchar(10) null                 --职称
)
```

（2）创建课程（course）表的 SQL 语句如下：

```
CREATE TABLE course                       --创建表 course
(
course_no varchar(15) primary key,        --课程编号，主键
course_name varchar(30) not null,         --课程名称
credit  int not null,                     --学分
hours int not null,                       --学时
)
```

4.3.2　使用 Transact-SQL 修改表字段

修改表字段的 Transact-SQL 语句是 ALTER TABLE 语句，其基本语法如下：

```
ALTER TABLE [ database_name . [ schema_name ] . | schema_name . ] table_name
{
    ALTER COLUMN column_name  <data_type>
    | ADD  new_column_name <data_type>
    | DROP  COLUMN column_name
}
```

ALTER TABLE 语句的参数及说明如表 4.8 所示。

表 4.8　ALTER TABLE 语句的参数及说明

参　　数	说　　明
table_name	要修改表的名称
ALTER COLUMN	修改表中指定字段
data_type	数据类型等属性
ADD	向指定表中添加字段
DROP COLUMN	从指定表中删除字段

【例 4.9】现在要对成绩管理数据库 AMDB 中的表进行字段修改，修改的内容包括：

- 将教师（teacher）表职称 proTitle 字段的数据类型修改为 varchar(5)。
- 增加教师（teacher）表政治面貌 polity 字段，数据类型 char(2)，不允许为空。
- 此外前面创建的学生（student）表中的年龄 age 字段可以由出生日期 birthday 字段计算获得，因此将学生（student）表中的年龄 age 字段删除。

具体操作步骤如下：

（1）修改教职称 proTitle 字段的 SQL 语句如下：

```
    USE AMDB                                    --使用 AMDB 数据库
    GO
    ALTER TABLE [dbo].[teacher]                 --修改表 teacher
    ALTER COLUMN [proTitle] varchar(5)          --修改 protitle 字段数据类型为
    varchar(5)
```
（2）增加政治面貌 polity 字段的 SQL 语句如下：
```
    ALTER TABLE [dbo].[teacher]                 --修改表 teacher
    ADD  polity char(2) not null                --增加 polity 字段
```
（3）删除年龄 age 字段的 SQL 语句如下：
```
    ALTER TABLE [dbo].[student]                 --修改表 student
    DROP COLUMN age                             --删除 age 字段
```

4.3.3 使用 Transact-SQL 设置表约束

创建约束的 Transact-SQL 语句有两种：一种是 CREATE TABLE 语句，在创建表的时候就指定约束；另一种是 ALTER TABLE 语句在已建立表上进行约束的设置，其基本语法如下：
```
    ALTER TABLE [ database_name . [ schema_name ] . | schema_name . ] table_name
    {
        ADD CONSTRAINT  constraint_name < constraint_express>
        | DROP  CONSTRAINT  constraint_name
    }
```
【例 4.10】成绩管理数据库 AMDB 中要继续增加新表，现在要增加的表是成绩（grade）表，具体结构如表 4.9 所示，然后继续给 grade 表中的 score 字段追加检查约束，设置条件为成绩取值为 0～100 分之间。

表 4.9 成绩（grade）表

字 段 名 称	说 明	字 段 类 型	字 段 长 度	是 否 为 空
stu_no	学号，主键	varchar	15	不允许
course_no	课程编号，主键	varchar	15	不允许
t_no	教师编号	varchar	15	不允许
score	成绩	Real		允许

具体操作步骤如下：

（1）创建成绩（grade）表的 SQL 语句如下：
```
    USE AMDB                                    --使用 AMDB 数据库
    GO

    CREATE TABLE grade                          --创建表 grade
    (
        stu_no    varchar(15) not null,         --学号
        course_no varchar(15) not null,         --课程编号
        t_no  varchar(15) not null,             --教师编号
        score real   null,                      --成绩
        primary key (stu_no,course_no)          --设置 stu_no,course_no 组合为主键
    )
```
（2）给 score 字段的追加检查约束的 SQL 语句如下：
```
    ALTER TABLE   grade                         --修改表 grade
```

```
ADD  CONSTRAINT CK_A                    --增加约束 CK_A
CHECK (score between 0 and 100)        --设置约束
```

4.3.4　使用 Transact-SQL 重命名表

重命名表的 Transact–SQL 是采用系统存储过程 sp_rename，它的功能是在当前数据库中更改用户创建对象的名称。此对象可以是表、索引、列、别名数据类型或 Microsoft.NET Framework 公共语言运行时（CLR）用户定义类型。其基本语法如下：

```
sp_rename [ @objname= ] 'object_name' , [ @newname= ] 'new_name'
     [ , [ @objtype= ] 'object_type' ]
```

系统存储过程 sp_rename 的参数及说明如表 4.10 所示。

表 4.10　系统存储过程 sp_rename 的参数及说明

参　　数	说　　明
[@objname =] 'object_name'	用户对象或数据类型的当前限定或非限定名称
[@newname =] 'new_name'	指定对象的新名称

【例 4.11】将成绩管理数据库 AMDB 中 grade 表更名为 score。

SQL 语句如下：

```
USE AMDB                               --使用 AMDB 数据库
GO
EXEC sp_rename grade,score             --将 grade 表更名为 score
```

4.3.5　使用 Transact-SQL 删除表

删除表的 Transact–SQL 语句是 DROP DATABASE 语句，其基本语法如下：

```
DROP TABLE [ database_name . [ schema_name ] .
                    | schema_name . ] table_name [ ,...n ] [ ; ]
```

【例 4.12】使用 DROP TABLE 语句删除 ReportServer 数据库上的 DataSets 和 ConfigurationInfo 表。

SQL 语句如下：

```
USE ReportServer                          --使用 ReportServer 数据库
GO
DROP TABLE DataSets,ConfigurationInfo  --删除 DataSets 和 ConfigurationInfo 表
```

注意：

不能使用 DROP TABLE 删除被 FOREIGN KEY 约束引用的表。必须先删除引用 FOREIGN KEY 约束或引用表。如果要在同一个 DROP TABLE 语句中删除引用表以及包含主键的表，则必须先列出引用表。

如果要删除通过外键和主键约束的外键表和主键表，则必须首先删除外键表。如果要删除外键约束中引用的主键表而不删除外键表，则必须删除外键表的外键约束。

删除表时，表的规则或默认值将被解除绑定，与该表关联的任何约束或触发器将被自动删除。

4.4　数据库关系图的创建和管理

SQL Server 中的关系是表之间的关联，在使用数据库关系图工具可以快速简便地完成表之间

的关联。在数据库关联图中，两个相互之间关联的表之间由一根线连接，如果是强制表之间的参照完整性，则关系线在关系图中以一根实线表示，如果 INSERT 和 UPDATE 事务不参加强制参照完整性，则以虚线表示。关系先的终结点显示一个主键符号以表示主键到外键的关系，或者显示一个无穷符号，表示一对多关系的外键。

4.4.1　使用 SSMS 创建数据库关系图

【例 4.13】创建成绩管理数据库 AMDB 中 student 和 class 两个参照表之间的数据库关系图。

具体操作步骤如下：

（1）在"对象资源管理器"中，依次展开"服务器实例"→"数据库"→"AMDB"→"数据库关系图"。

（2）右击数据库的"数据库关系图"结点，在弹出的快捷菜单中选择"新建数据库关系图"命令，如图 4.18 所示。

（3）在弹出的"添加表"对话框中，选择所需要的表 student 和 class，如图 4.19 所示，单击"添加"按钮，完成表的添加。

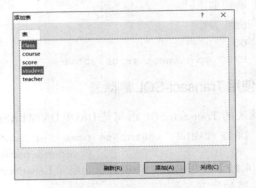

图 4.18　"新建数据库关系图"命令　　　　图 4.19　"添加表"对话框

（4）所选择的表将以图形方式显示在新建的数据库关系图中，由于在前面设置了这两个表的参照完整性，因此它们之间有关联线连接，如图 4.20 所示。

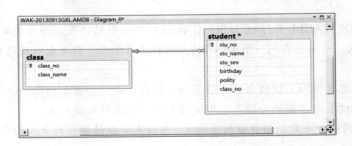

图 4.20　关系图

（5）单击"保存"按钮，在"选择名称"对话框中输入关系图的名字"gx-1"，单击"确定"按钮，完成关系图的创建。

4.4.2　使用 SSMS 修改数据库关系图

【例 4.14】修改成绩管理数据库 AMDB 中数据库关系图 gx-1，将其他三个表也加入进来，并添加合适的关联。

具体操作步骤如下：

（1）在"对象资源管理器"中，依次展开"服务器实例"→"数据库"→"AMDB"→"数据库关系图"。

（2）双击"gx-1"关系图，即可打开该关系图。

（3）在关系图空白处右击，在弹出的快捷菜单中选择"添加表"命令，选择"teacher"表、"course"表和"score"表，将这三个表添加进关系图。

（4）在关系图上，单击 student 表中的 stu_no 字段，拖动到鼠标到 score 表，在弹出的表和列对话框中，设置正的主键和外键字段即可，如图 4.21 所示。

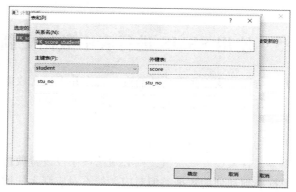

图 4.21　"表和列"对话框

（5）参照步骤（4），依次设置 course 表和 score 表之间的关联（course 表的 course_no 字段为 PK，score 表的 course_no 为 FK）和 teacher 表和 score 主键的关联（teacher 表的 t_no 字段为 PK，score 表的 t_no 为 FK），如图 4.22 所示。

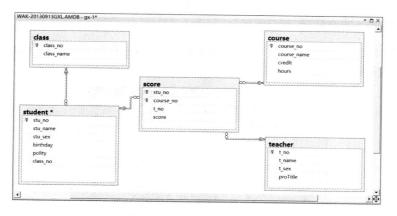

图 4.22　修改后的关系图

（6）如果需要修改关联，右击需要修改的关联线，在弹出的快捷菜单中选择"属性"命令，在打开的"属性"面板中进行修改即可，如图 4.23 所示。

（7）如果需要删除关联，右击需要修改的关联线，在弹出的快捷菜单中选择"从数据库中删除关系"命令，确认后即可删除该关联。

4.4.3 使用 SSMS 删除数据库关系图

（1）在"对象资源管理器"中，依次展开"服务器实例"→"数据库"→进行关系图删除的数据库→"数据库关系图"。

（2）右击要删除的数据库关系图，在弹出的快捷菜单中选择"删除"命令。

（3）此时会显示一条信息，提示用户确认删除，选择"是"，则删除此数据库关系图。

在删除数据库关系图时，关系图中的数据表以及表之间的关联并不会被删除。

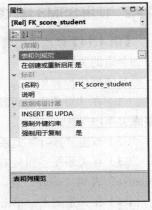

图 4.23 关系图"属性"面板

4.5 使用 SSMS 进行表中数据更新

创建表只是创建了表的结构以及一些完整性约束，其中并不包含数据，所以表是空的。此时的表只是一个框架而已，只有添加完数据的表才可以成为一个完整的表。

在进行数据更新时需要注意以下几点：

（1）对于设置了标识属性的字段中不允许插入值。

（2）若字段不允许为空，且未设置默认值，则必须给该字段设置数据值。

（3）插入和更新的数据必须和列的数据类型对应。如不对应则无法插入和更新，如溢出则会被截断。

（4）有定义了检查约束的字段，插入和更新的数据必须满足其设置的约束。

（5）定义了外键关系的表中，输入和更新数据的时候要按照先主键表后外键表的顺序，删除数据的时候要按照先外键表后主键表的顺序。

4.5.1 使用 SSMS 插入数据

【例 4.15】为成绩管理数据库 AMDB 中 student 表、class 表和 course 表添加数据，数据信息如图 4.24～图 4.26 所示。

stu no	stu name	stu sex	birthday	polity	class no
2016560102	林伟	男	1999-06-07 ...	团员	5601
2016560106	罗金安	男	1999-12-05 ...	党员	5601
2016560126	张玉良	男	1998-11-16 ...	NULL	5601
2016560206	林诗音	女	1999-05-03 ...	党员	5602
2016560208	张尧学	男	1999-04-06 ...	团员	5602
2016560214	李晓旭	男	1998-11-07 ...	团员	5602
2016630126	王文书	男	1996-05-08 ...	党员	6301
2016630139	张文礼	男	1998-06-07 ...	群众	6301
2016780101	王伟	男	1997-01-05 ...	团员	7801
2016780133	王语云	女	1999-05-06 ...	团员	7801
2016850206	张玉霞	女	1998-02-06 ...	群众	8502
2016850214	李若山	女	1999-03-06 ...	团员	8502
* NULL	NULL	NULL	NULL	NULL	NULL

图 4.24 "student"表数据行

class no	class name
6301	电子技术1班
7801	电子商务1班
4501	多媒体1班
3601	国际商务1班
6901	国际英语1班
8502	会计2班
3801	绿色食品1班
5601	网络技术1班
5602	网络技术2班
NULL	NULL

图 4.25 "class"表数据行

course no	course name	credit	hours
31307	信息可视化设计	4	72
35168	英语口语	4	72
41406	管理信息系统	4	72
60567	会计电算化	4	72
61307	Web交互设计	3	54
66052	食品卫生与安全	3	54
70120	局域网组建	3	54
70787	互联网营销	3	54
80137	单片机应用技术	4	72
88694	计算机应用基础	3	54
NULL	NULL	NULL	NULL

图 4.26 "course"表数据行

具体操作步骤如下：

（1）在"对象资源管理器"中，依次展开"服务器实例"→"数据库"→"AMDB"→"表"。

（2）这三个表中，student 和 class 两个表之间通过外键约束有参照完整性约束，主键字段是 class 表的 class_no 字段，外键是 student 表的 class_no 字段，因此在输入的时候，必须先输入主键表 class，然后输入外键表 student，而且外键字段的取值范围不能超过主键字段的取值范围。

因此，我们决定先输入 class 表的数据，然后输入 student 表和 course 表的数据。

（3）右击 class 表，在弹出的快捷菜单中选择"编辑前 200 行"命令，如图 4.27 所示，在打开的"表编辑器"中按照图 4.25 录入数据即可。

（4）参照步骤（3），向 student 表和 course 表添加对应的数据。

（5）录入完数据后，单击工具栏中的"运行"按钮，然后关闭对应窗口即可完成数据的添加。

（6）需要查看表中数据的时候，找到要查看的表，在右键快捷菜单中选择"编辑前 200 行"命令即可在"表编辑器"中查看。

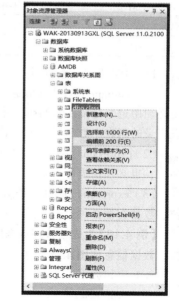

图 4.27 "编辑前 200 行"命令

4.5.2 使用 SSMS 更新数据

表中数据录入后如果需要修改，可以在 SSMS 中进行数据修改，具体方法如下：

（1）在"对象资源管理器"中，依次展开"服务器实例"→"数据库"→修改表所在的数据库→"表"。

（2）右击需要进行数据更新的表，在弹出的快捷菜单中选择"编辑前 200 行"命令，在打开的"表编辑器"中选中要进行更新的数据行，进行修改即可。

4.5.3 使用 SSMS 删除数据

表中数据在使用一段时间后如果失效了就要及时删除。可以在 SSMS 中进行数据删除，具体方法如下：

（1）在"对象资源管理器"中，依次展开"服务器实例"→"数据库"→修改表所在的数据库→"表"。

（2）右击需要进行数据更新的表，在弹出的快捷菜单中选择"编辑前 200 行"命令。

（3）在打开的"表编辑器"中，右击要进行删除的数据行，在弹出的快捷菜单中选择"删除"命令即可。

4.6　使用 Transact-SQL 进行表中数据更新

4.6.1　使用 Transact-SQL 插入数据

向表中插入数据记录 Transact-SQL 语句是 INSERT 语句，其基本语法如下：

```
INSERT  [ INTO ] table_name |view_name  [(column_list)]
        VALUES ( { expression |DEFAULT | NULL } [ ,…n ] )
```

INSERT 语句的参数及说明如表 4.11 所示。

表 4.11　INSERT 语句的参数及说明

参　　数	说　　明
table_name |view_name	表或者视图的名称
INTO	一个可选的关键字，可以将它用在 INSERT 和目标表之间
column_list	要在其中插入数据的一列或多列的列表
VALUES	引入要插入的数据值的一个或多个列表
expression	一个常量、变量或表达式

INSERT 语句注意事项：

（1）column_list 可以指定一列或者多列，顺序可以与表中的列顺序不同。如果指定多个列，则必须用逗号分隔。在数据表中未被指定的列必须支持允许空或者设置了默认值。当输入的值与表定义的列在个数和顺序上一致时可以省略。

（2）expression 用于提向表中插入的值，如果提供的值是多个，也必须用逗号分隔。

（3）expression 提供的数据与 column_list 指定的列名个数、数据类型必须完全一致。

【例 4.16】为成绩管理数据库 AMDB 中 teacher 表添加数据，数据信息如图 4.28 所示。

t no	t name	t sex	proTitle
1	王应麟	男	讲师
2	赵琉球	男	*NULL*
3	林雪	女	助教
4	王乐乐	女	教授
5	林依丽	女	副教授
6	刘乃艺	男	教授

图 4.28　teacher 表数据行

SQL 语句如下：

```
USE AMDB                                          --使用 AMDB 数据库
GO

INSERT INTO teacher VALUES(1,'王应麟','男','讲师')  --添加王应麟一行数据


INSERT INTO teacher (t_no,t_name,proTitle)         --性别字段默认为男，可以不
输入采取默认值
    VALUES(2,'赵琉球',NULL) ,(6,'刘乃艺','教授')     --输入另外两个男老师信息

INSERT INTO teacher (t_no,t_name,proTitle,t_sex)  --输入 3 位女老师信息
  VALUES(3,'林雪','助教','女'),(4,'王乐乐','教授','女'),(5,'林依丽','副教授','女')
```

4.6.2　使用 Transact-SQL 更新数据

向表中更新数据记录 Transact–SQL 语句是 UPDATE 语句，其基本语法如下：

```
UPDATE  table_name |view_name
    SET column_name = { expression | DEFAULT | NULL [ ,…n ]
        [WHERE <search_condition>]
```

UPDATE 语句的参数及说明如表 4.12 所示。

表 4.12　UPDATE 语句的参数及说明

参　　数	说　　明
table_name lview_name	表或者视图的名称
SET	指定要更新的列或变量名称的列表
column_name	包含要更改的数据的列
expression	一个常量、变量或表达式
WHERE	指定条件来限定所更新的行
search_condition	为要更新的行指定需满足的条件

UPDATE 语句注意事项：

（1）用 WHERE 子句指定需要更新的行，如果没有选用 WHERE 子句，则更新表中所的行。

（2）如果行的更新违反了约束或者更新值是不兼容的数据类型，则取消执行该语句，同时返回错误提示。

【例 4.17】将教师 teacher 表中"赵琉球"教师的职称更新为"教授"。

SQL 语句如下：

```
USE AMDB                          --使用 AMDB 数据库
GO

UPDATE teacher                    --更新 teacher 表
SET proTitle='教授'               --设置职称为"教授"
WHERE t_name='赵琉球'             --设定条件

SELECT * from  teacher            --检索 teacher 表中数据,确认结果
```
执行结果如图 4.29 所示。

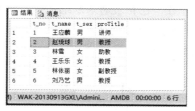

图 4.29　更新数据行结果

4.6.3　使用 Transact-SQL 删除数据

表中删除数据记录 Transact-SQL 语句是 DELETE 语句，其基本语法如下：

```
DELETE  [FROM]  table_name |view_name
        [WHERE <search_condition>]
```

DELETE 语句的参数及说明如表 4.13 所示。

表 4.13　DELETE 语句的参数及说明

参　数	说　明
FROM	可选的关键字，用在 DELETE 关键字与目标 table_or_view_name
table_name lview_name	表或者视图的名称
WHERE	指定条件来限定所更新的行
search_condition	为要更新的行指定需满足的条件

DELETE 语句注意事项：如果没有选用 WHERE 子句，则删除表中所的行。

【例 4.18】将教师 teacher 表中教师编号为 6 的记录删除。

SQL 语句如下：

```
USE AMDB                              --使用 AMDB 数据库
GO

DELETE teacher                        --删除 teacher 表数据
WHERE t_no=6                          --设定条件

SELECT * from teacher                 --检索 teacher 表中数据,确认结果
```

执行结果如图 4.30 所示。

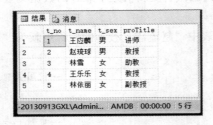

图 4.30　删除数据行结果

小　结

本章主要介绍了表的创建和管理，包括表的基本结构、表的类型、数据类型、表的完整性和表的约束，使用 SSMS 和 Transact-SQL 语句创建表、修改表、重命名表和删除表，创建和管理数据库关系图，在表中进行数据更新等操作。

习　题

一、选择题

1. SQL Server 将定义服务器配置及其所有表的数据存储在（　　）中。
   A. 系统表　　　　　B. 临时表　　　　　C. 已分区表　　　　　D. 宽表

2. SQL Server 中的数据类型分为两种，（　　）和用户定义数据类型。
   A. CLR 数据类型　B. 系统数据类型　　C. Unicode 字符串　D. 二进制数据类型

3. （　　　）要求每一个表中的主键字段都不能为空或者重复的值。

    A. 域完整性　　　　B. 参照完整性　　　　C. 实体完整性　　　　D. 用户自定义完整性

4. 在表中，制定性别字段取值范围为（男,女）的是（　　　）。

    A. 域完整性　　　　B. 参照完整性　　　　C. 实体完整性　　　　D. 用户自定义完整性

5. （　　　）指定在插入操作中如果没有提供输入值时，则系统自动指定插入值。

    A. 主键约束　　　　B. 外键约束　　　　C. 检查约束　　　　D. 默认值约束

6. （　　　）主要用来维护两个表之间数据的一致性，实现数据表之间的参照完整性。

    A. 主键约束　　　　B. 外键约束　　　　C. 检查约束　　　　D. 默认值约束

7. 使用 Transact-SQL 创建表的语句是（　　　）。

    A. CREATE TABLE　　　　　　　　B. ADD TABLE

    C. ALTER TABLE　　　　　　　　D. DROP TABLE

8. SQL Server 中的字符型数据类型主要包括（　　　）。

    A. char、varchar、binary　　　　　　B. char、varchar、nchar

    C. varchar、binary、int　　　　　　D. binary、int、nvchar

9. SQL Server 中不能用于存储图形图像、Word 文档的数据类型是（　　　）。

    A. char　　　　　B. varchar　　　　　C. binary　　　　　D. text

10. 关于唯一性约束，下列描述中不正确的是（　　　）。

    A. 使用唯一性约束的字段允许为空值

    B. 一个表中可以允许设置多个唯一性约束

    C. 一个表有且只能有一个唯一性约束

    D. 可以把唯一性约束定义在多个字段上

二、操作题

1. 表的创建。

（1）使用 Transact-SQL 创建数据库 Cardb，数据库相关参数采用系统默认设置。

（2）使用 SSMS 创建 Car 汽车表和 Orderform 客户订单表，具体结构如表 4.14 和表 4.15 所示。

表 4.14　Car 汽车表

字　段　名	主　　键	允　许　空	字　段　类　型	描　　述
Car_id	Y	N	int	汽车编号
Car_name		N	varchar(20)	汽车名称
Price		N	float	价格，单位万元
Car_brief		Y	varchar(50)	说明

表 4.15　Orderform 客户订单表

字　段　名	主　　键	允　许　空	字　段　类　型	描　　述
Order_id	Y	N	int	订单号
Car_id		N	int	汽车编号
Client_id		N	int	客户号
Car _number		N	int	汽车数量
Order_date		N	datetime	订购日期

（3）使用 Transact-SQL 创建 Clients 客户信息表和 CarFactory 汽车制造厂表，具体结构如表 4.16 和表 4.17 所示。

表 4.16　Clients 客户信息表

字 段 名	主 键	允 许 空	字 段 类 型	描 述
Client_id	Y	N	int	客户号
Client_name		N	char(8)	客户名
Client_address		Y	char(50)	客户地址

表 4.17　CarFactory 汽车制造厂表

字 段 名	主 键	允 许 空	字 段 类 型	描 述
Factory_id	Y	N	int	汽车制造厂编号
Factory_name		N	char(8)	汽车制造厂名称
Factory_address		Y	varchar(50)	汽车制造厂地址
Factory_tel		Y	varchar(20)	汽车制造厂电话

2．表的修改。

（1）使用 Transact-SQL 修改 Car 汽车表，增加一个字段，字段名为 Factory_id，数据类型为 int。

（2）利用 SSMS 将 Car 汽车表中新增加的字段 Factory_id 位置调整在 Car_id 和 Car_name 之间。

3．表中约束的创建。

（1）检测 Car 汽车表的 Car_id 字段中能否接受空值（NULL），检测表中能否接受两个相同的汽车编号。取消 Car_id 的主键资格，然后检测表中能否接受两个相同的汽车编号？最后清空数据并将 Car_id 恢复为主键。

（2）在 Clients 客户信息表中将 Client_id 和 Client_name 创建一个升序的唯一约束，检测能否在表中输入两个相同的客户编号？能否输入两个相同的客户姓名？能否输入两个客户编号和姓名都相同的记录？最后清空数据并删除该唯一约束。

（3）在 Car 汽车表中的 Price 字段上设置检查约束，要求价格在 10~200 之间，并检测能否够输入不在 10~200 之间的数据？最后清空数据。

4．数据库关系图的创建。

在 Car、Orderform、Clients 和 CarFactory 表间的建立如下关联，并保存关系图名称为 "Car 数据库关系图"：

- Car 表通过 Car_id 字段和 orderform 表建立关联 FK_Orderform_Car，其主键表为 Car，外键表为 orderform。
- CarFactory 表通过 Factory_id 字段和 Car 表建立关联 FK_Car_CarFactory，其主键表为 CarFactory，外键表为 Car。
- Client 表通过 Client_id 字段和 Orderform 表建立关联 FK_Orderform_Client，其主键表为 Client，外键表为 Orderform。

"Car 数据库关系图" 如图 4.31 所示。

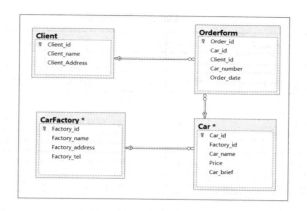

图 4.31　Car 数据库关系图

5. 表中数据的更新。

（1）使用 SSMS 向 CarFactory 汽车制造厂表和 Car 汽车表插入数据，具体数据如表 4.18 和表 4.19 所示。

表 4.18　CarFactory 汽车制造厂表中数据

Factory_id	Factory_name	Factory_address	Factory_tel
1	亚琛	德国	
2	Bamford & Martin	英国	
3	德国奥迪	德国	
4	大众	中国	
5	东风日产	日本	
6	沃尔沃亚太		

表 4.19　Clients 客户信息表中数据

Client_id	Client_name	Client_Address
1	SSPU	上海浦东
2	张天龙	广州越秀
3	李云海	北京朝阳

（2）使用 Transact-SQL 向 Orderform 客户订单表和 Book 库存图书表插入数据，具体数据如表 4.20 和表 4.21 所示。

表 4.20　Orderform 客户订单表中数据

Order_id	Car_id	Client_id	Order_date	Car_number
1	1	2	2016-1-1	2
2	5	1	2016-2-28	1
3	4	3	2016-10-11	3
4	6	1	2016-7-4	6

表 4.21　Car 汽车表中数据

Car_id	Factory_id	Car_name	Price	Car_brief
1	4	速腾 1.6L 自动时尚型	14.38	车身结构：4 门 5 座三厢车变速箱：6 挡手自一体
2	5	玛驰 2015 款 1.2L 易享版	5.98	综合油耗：5.7 L/100 km（工信部）车身结构：5 门 5 座两厢车
3	6	沃尔沃 S60L	38.89	车身结构：三厢发动机：1.5 T 2.0 T 变速箱：手自一体
4	3	奥迪 A1	25.68	车身结构：两厢发动机：1.4 T 变速箱：双离合
5	3	奥迪 S3	39.98	车身结构：三厢发动机：2.0 T 变速箱：双离合
6	3	奥迪 Q7	90.12	车身结构：SUV 发动机：2.0 T 3.0 T 变速箱：手自一体
7	6	沃尔沃 X60	30.39	级别中型 SUV，发动机 2.0 T 245 马力 L4，变速箱 8 挡手自一体

（3）使用 SSMS 向任意向 Car 表添加三辆车的资料，使车辆的种类达到 10 种。

第**5**章   索引的创建和管理

数据库中的索引与图书的目录类似。在图书中，用户利用目录可以快读查找到所需要的数据，无须阅览整本书。在数据库中，数据库应用程序可以通过索引快速找到表或者索引视图中的特定信息，无须对整个表进行检索，可以显著提高数据库查询和应用程序的性能。

通过本章的学习，您将掌握以下知识及技能：

（1）了解索引的作用。

（2）掌握索引的优缺点。

（3）熟练利用 SSMS 创建和管理索引。

（4）掌握利用 Transact-SQL 创建和管理索引。

5.1   索引的概念

索引是一种单独的、存储在磁盘上的数据库结构，它包含从表或视图中一个或多个列生成的键，以及映射到指定数据的存储位置的指针。通过创建设计良好的索引以支持查询，可以显著提高数据库查询和应用程序的性能。索引可以减少为返回查询结果集而必须读取的数据量。索引还可以强制表中的行具有唯一性，从而确保表数据的数据完整性。对表列定义了 PRIMARY KEY 约束和 UNIQUE 约束时，会自动创建索引。

例如，数据库中现在有 3 万条记录，现在要执行找到某个特定记录的查询，如果没有索引，必须遍历整个表，直到这条记录被查到。反之，如果在对应字段上建立了索引，在查找的时候就不需要任何扫描，直接在索引中查找即可得到记录的位置，然后直接找到该记录。

5.2   索引的分类

SQL Server 2012 提供的索引有 10 种，包括聚集索引、非聚集索引、唯一索引、列存储索引、带有包含列的索引、计算列上的索引、筛选索引、空间索引、XML 索引和全文索引。下面介绍几种常用的索引。

1．聚集索引

聚集索引基于聚集索引键按顺序排序和存储表或视图中的数据行。聚集索引按 B 树索引结构实现，B 树索引结构支持基于聚集索引键值对行进行快速检索。聚集索引根据数据行的键值在表或视图中排序和存储这些数据行。索引定义中包含聚集索引列。每个表只能有一个聚集索引，因为数据行本身只能按一个顺序排序。只有当表包含聚集索引时，表中的数据行才按照排序顺序存储。如果表具有聚集索引，则该表称为聚集表。如果表没有聚集索引，则其数据行存储在一个称为堆的无序结构中。

2．非聚集索引

非聚集索引具有独立于数据行的结构。非聚集索引包含非聚集索引键值，并且每个索引行都包含非聚集键值和行定位符。此定位符指向聚集索引或堆中包含该键值的数据行。索引中的行按索引键值的顺序存储，但是不保证数据行按任何特定顺序存储，除非对表创建聚集索引。

3．唯一索引

唯一索引确保索引键不包含重复的值，因此，表或视图中的每一行在某种程度上是唯一的。唯一性可以是聚集索引也可以是非聚集索引的属性。

4．筛选索引

筛选索引是一种经过优化的非聚集索引，尤其适用于涵盖从定义完善的数据子集中选择数据的查询。筛选索引使用筛选谓词对表中的部分行进行索引。与全表索引相比，设计良好的筛选索引可以提高查询性能、减少索引维护开销并可降低索引存储开销。

5．全文索引

全文索引是一种特殊类型的基于标记的功能性索引，由 Microsoft SQL Server 全文引擎生成和维护，用于帮助在字符串数据中搜索复杂的词。

5.3　索引的设计原则

索引设计不佳和缺少索引是提高数据库和应用程序性能的主要障碍。设计高效的索引对于获得良好的数据库和应用程序性能极为重要。为数据库及其工作负荷选择正确的索引是一项需要在查询速度与更新所需开销之间取得平衡的复杂任务。如果索引较窄，或者说索引关键字中只有很少的几列，则需要的磁盘空间和维护开销都较少。而另一方面，宽索引可覆盖更多的查询。用户可能需要试验若干不同的设计，才能找到最有效的索引。可以添加、修改和删除索引而不影响数据库架构或应用程序设计。

在创建索引之前应仔细计划，这样才不会设计不佳索引影响数据库性能，在索引设计前要完成以下任务：

（1）了解数据库本身的特征。例如，它是频繁修改数据的联机事务处理（OLTP）数据库，还是主要包含只读数据的决策支持系统（DSS）或数据仓库（OLAP）数据库。

（2）了解最常用的查询的特征。例如，了解到最常用的查询连接两个或多个表将有助于决定要使用的最佳索引类型。

（3）了解查询中使用的列的特征。例如，某个索引对于含有整数数据类型同时还是唯一的或非空的列是理想索引。筛选索引适用于具有定义完善的数据子集的列。

（4）确定哪些索引选项可在创建或维护索引时提高性能。例如，对现有某个大型表创建聚集索引将会受益于 ONLINE 索引选项。ONLINE 选项允许在创建索引或重新生成索引时继续对基础数据执行并发活动。

（5）确定索引的最佳存储位置。例如，将非聚集索引存储在表文件组所在磁盘以外的某个磁盘上的一个文件组中可以提高性能，因为可以同时读取多个磁盘。

在设计索引时，应考虑以下原则：

（1）索引并非越多越好，一个表中如有大量的索引，不仅占用磁盘空间，而且会影响 INSERT、UPDATE、DELETE 等语句的性能，因为当表中的数据更改的同时，索引也会进行调整和更新。

（2）避免对经常更新的表进行过多的索引，并且索引中的列尽可能少。对经常用于查询的字段应该创建索引，但要避免添加不必要的字段。

（3）数据量小的表最好不要使用索引，由于数据较少，查询花费的时间可能比遍历索引的时间还要短，索引可能不会产生优化效果。

（4）在条件表达式中经常用到的不同值较多的列上建立索引，在不同值较少的列上不要建立索引。例如，性别字段只有男、女两种值，因此没有必要建立索引。

（5）当唯一性是某种数据本身的特性时，指定唯一索引。使用唯一索引能确保定义的列的数据完整性，提高查询速度。

（6）在频繁进行排序或分组的列上建立索引，如果排序的列有多个，可以在这些列上建立组合索引。

5.4　使用 SSMS 创建和管理索引

在 SQL Server 中，系统提供了两种创建索引方式：直接方式和间接方式。

直接方式是指使用 SSMS 和 Transact-SQL 语句直接创建索引。间接方式是指通过创建 PRIMARY KEY 约束或者 UNIQUE 约束时，在创建约束的同时系统将自动创建索引。

PRIMARY KEY 约束和 UNIQUE 约束在上一章已经介绍过，这一章主要讲述利用 SSMS 和 Transact-SQL 语句直接创建和管理索引。

5.4.1　使用 SSMS 创建索引

【例 5.1】现在要对成绩管理数据库 AMDB 中的学生（student）表进行继续完善，考虑到查询学生信息的时候，要经常通过姓名来查询，所以在姓名 stu_name 字段上建立索引。

具体操作步骤如下：

（1）在"对象资源管理器"中，依次展开"服务器实例"→"数据库"→"AMDB"→表→"dbo.student"→"索引"，如图 5.1 所示。

此时可以看到 student 表中已经存在了一个聚集索引"PK_student_1"，这个索引就是在创建主键约束的时候自动创建的。

（2）右击"索引"结点，在弹出的快捷菜单中选择"新建索引"→"非聚集索引"命令，如图 5.2 所示。

因为 student 表已经存在了一个由主键自动创建的聚集索引"PK_student_1"，每个表又只能有一个聚集索引，所以此处只能选择创建"非聚集索引"。

图 5.1　"索引"结点

图 5.2 "新建索引"命令

（3）打开"新建索引"窗口，在"常规"选择页中，可以配置索引的名称和是否是唯一索引，如图 5.3 所示。

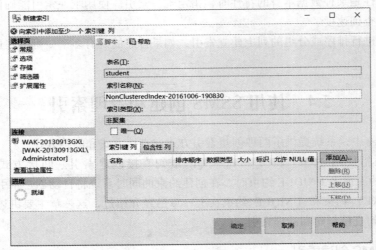

图 5.3 "新建索引"窗口

（4）单击"添加"按钮，在打开的"选择列"窗口中，勾选 stu_name 字段，将其设置为索引，如图 5.4 所示。

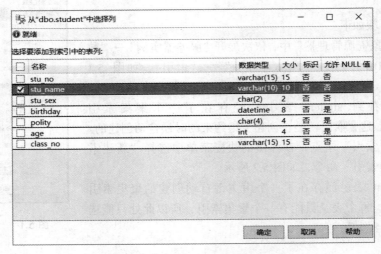

图 5.4 "选择列"窗口

（5）单击"确定"按钮，完成索引的创建，此时可以在"对象资源管理器"的"索引"结点下看到刚刚新建的索引。

5.4.2　使用 SSMS 查看和修改索引

索引创建之后可以根据需要对进行查看和修改，具体过程如下：

（1）在"对象资源管理器"中，依次展开"服务器实例"→"数据库"→索引所在数据库→表→索引所在的表→"索引"，在"索引"结点下可以看到要查看或者修改的索引。

（2）右击要查看或修改的索引，在弹出的快捷菜单中选择"属性"命令，也可以直接双击该索引，打开"索引属性"窗口，如图 5.5 所示，在该窗口可以查看到表中的所有索引，也可以增加、删除或者修改索引字段。

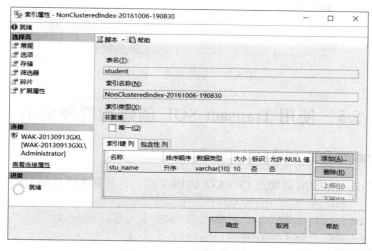

图 5.5　"索引属性"窗口

5.4.3　使用 SSMS 重命名索引

（1）在"对象资源管理器"中，依次展开"服务器实例"→"数据库"→索引所在数据库→表→索引所在的表→"索引"，在"索引"结点下可以看到要查看或者修改的索引。

（2）右击要查看或修改的索引，在弹出的快捷菜单中选择"重命名"命令，如图 5.6 所示，输入新的索引名字即可。

5.4.4　使用 SSMS 删除索引

（1）在"对象资源管理器"中，依次展开"服务器实例"→"数据库"→索引所在数据库→表→索引所在的表→"索引"，在"索引"结点下可以看到要查看或者修改的索引。

（2）右击要查看或修改的索引，在弹出的快捷菜单中选择"删除"命令，在打开的"删除对象"窗口中，单击"确定"按钮，即可完成索引的删除，如图 5.7 所示。

图 5.6　选择"重命名"命令

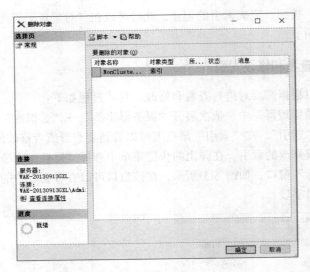

图 5.7 "删除对象"窗口

5.5 使用 Transact-SQL 创建和管理索引

5.5.1 使用 Transact-SQL 创建索引

创建索引的 Transact-SQL 语句是 CREATE INDEX 语句，其基本语法如下：

```
CREATE [ UNIQUE ] [ CLUSTERED | NONCLUSTERED ] INDEX index_name
    ON <object> ( column [ ASC | DESC ] [ ,...n ] )
    [ INCLUDE ( column_name [ ,...n ] ) ]
    [ WHERE <filter_predicate> ]
    [ WITH ( <relational_index_option> [ ,...n ] ) ]
    [ ON { partition_scheme_name ( column_name )
        | filegroup_name
        | default
        }
    ]
    [ ; ]
```

CREATE INDEX 语句的参数及说明如表 5.1 所示。

表 5.1 CREATE INDEX 语句的参数及说明

参 数	说 明
UNIQUE	为表或视图创建唯一索引
CLUSTERED | NONCLUSTERED	聚集索引或者非聚集索引，如果没有指定 CLUSTERED，则创建非聚集索引
index_name	索引的名称
ON	指定索引所在的对象
object	要为其建立索引的完全限定对象或非完全限定对象
column	索引所基于的一列或多列

续表

参　　数	说　　明
ASC | DESC	确定特定索引列的升序或降序排序方向。默认值为 ASC
INCLUDE (column_name [,...n]	指定要添加到非聚集索引的叶级别的非键列。非聚集索引可以唯一，也可以不唯一
WHERE <filter_predicate>	通过指定索引中要包含哪些行来创建筛选索引
ON partition_scheme_name (column_name)	指定分区方案，该方案定义要将分区索引的分区映射到的文件组
ON filegroup_name	为指定文件组创建指定索引
ON "default"	为默认文件组创建指定索引

【例 5.2】为成绩管理数据库 AMDB 的 course 表中的 course_name 设置唯一性非聚集索引。

SQL 语句如下：

```
USE AMDB                                                    --使用 AMDB 数据库
GO

CREATE UNIQUE NONCLUSTERED INDEX idx_course_1   --创建非聚集唯一索引
ON course(course_name)                          --指定 course_name 为索引键
```

5.5.2　使用 Transact-SQL 查看索引

查看索引的 Transact-SQL 是采用的是系统存储过程 sp_helptext，其基本语法如下：

```
sp_helptext [ @objname = ] 'name' [ , [ @columnname = ] computed_column_name ]
```

sp_helpindex 语句的参数及说明如表 5.2 所示。

表 5.2　sp_helpindex 语句的参数及说明

参　　数	说　　明
[@objname =] 'name'	架构范围内用户定义对象的限定名称和非限定名称。
[@columnname =] 'computed_column_name'	要显示其定义信息的计算列的名称。

【例 5.3】用系统存储过程 sp_helpindex，查看成绩管理数据库 AMDB 中的 course 表的索引信息。

SQL 语句如下：

```
--使用 AMDB 数据库
USE AMDB
GO
--查看 course 表索引信息
EXEC sp_helpindex course
```

执行结果如图 5.8 所示。

结果　消息

	index_name	index_description	index_keys
1	idx_course_1	nonclustered, unique located on PRIMARY	course_name
2	PK__course__8F1EAECCFDA662AA	clustered, unique, primary key located on PRIMARY	course_no

图 5.8　course 表上的索引查看结果

5.5.3 使用 Transact-SQL 修改索引

修改索引的 Transact-SQL 语句是 ALTER INDEX 语句，其基本语法如下：

```
ALTER INDEX { index_name | ALL }
    ON <object>
    { REBUILD
        [ PARTITION = ALL ]
        [ WITH ( <rebuild_index_option> [ ,…n ] ) ]
        | [ PARTITION = partition_number
              [ WITH ( <single_partition_rebuild_index_option> ) [ ,…n ] ]
    ]
    | DISABLE
    | REORGANIZE
        [ PARTITION = partition_number ]
        [ WITH ( LOB_COMPACTION = { ON | OFF } ) ]
    | SET ( <set_index_option> [ ,…n ] )
    }
[ ; ]
```

ALTER INDEX 语句的参数及说明如表 5.3 所示。

表 5.3　ALTER INDEX 语句的参数及说明

参　　数	说　　明
index_name	索引的名称。索引名称在表或视图中必须唯一，但在数据库中不必唯一
ALL	指定与表或视图相关联的所有索引，而不考虑是什么索引类型
ON	指定索引所在的对象
object	要为其建立索引的完全限定对象或非完全限定对象
REBUILD[WITH　　(<rebuild_index_option> [,…n])]	指定将使用相同的列、索引类型、唯一性属性和排序顺序重新生成索引
PARTITION	指定只重新生成或重新组织索引的一个分区
= ALL	重新生成所有分区
partition_number	要重新生成或重新组织已分区索引的分区数
WITH (<single_partition_rebuild_index_option>)	SORT_IN_TEMPDB、MAXDOP 和 DATA_COMPRESSION 是在重新生成单个分区（PARTITION = n）时可以指定的选项
DISABLE	将索引标记为已禁用，从而不能由数据库引擎使用
REORGANIZE	指定将重新组织的索引叶级
WITH (LOB_COMPACTION = { ON | OFF })	指定压缩所有包含大型对象（LOB）数据的页
SET (<set_index option> [,…n])	指定不重新生成或重新组织索引的索引选项。不能为已禁用的索引指定 SET

【例 5.4】修改成绩管理数据库 AMDB 的 course 表中的索引 idx_course_1，将其重新生成单个索引。

SQL 语句如下：

```
USE AMDB                                          --使用 AMDB 数据库
GO

ALTER INDEX idx_course_1  ON course   REBUILD   --修改索引 idx_course_1
```

5.5.4　使用 Transact-SQL 重命名索引

重命名索引的 Transact-SQL 采用的是系统存储过程 sp_rename，其基本语法如下：

```
sp_rename [ @objname = ] 'object_name' , [ @newname = ] 'new_name'
        [ , [ @objtype = ] 'object_type' ]
```

【例 5.5】用系统存储过程 sp_rename，将成绩管理数据库 AMDB 中的 course 表的索引 "idx_course_1" 更名为 "idx_course_wy"。

SQL 语句如下：

```
--使用 AMDB 数据库
USE AMDB
GO
--重命名 idx_course_1 索引
EXEC sp_rename 'course.idx_course_1', 'idx_course_wy','index'
```

5.5.5　使用 Transact-SQL 删除索引

删除索引的 Transact-SQL 语句是 DROP INDEX 语句，其基本语法如下：

```
DROP INDEX [ database_name. [ schema_name ] . | schema_name. ]
                table_or_view_name.index [ ,…n ] [ ; ]
```

或者

```
DROP INDEX index ON table_or_view_name
```

【例 5.6】 用 Transact-SQL 语句删除成绩管理数据库 AMDB 中的 course 表的索引 "idx_course_wy"。

SQL 语句如下：

```
--使用 AMDB 数据库
USE AMDB
GO
--删除 idx_course_wy 索引
DROP INDEX course.idx_course_wy
```

小　　结

本章主要介绍了索引的创建和管理，包括索引的概念、索引的分类、索引的设计原则，使用 SSMS 和 Transact-SQL 语句创建索引、查看和修改索引、重命名索引以及删除索引等。

习　　题

一、选择题

1. 索引是一种单独的、存储在磁盘上的数据库结构，它包含从表或视图中一个或多个列生成的键，以及映射到指定数据的存储（　　　）。

　　A. 位置　　　　　　B. 数值　　　　　　　C. 指针　　　　　　　D. 空间

2.（　　　）按 B 树索引结构实现，B 树索引结构能够实现对行进行快速检索。

　　A. 聚集索引　　　　B. 非聚集索引　　　C. 唯一索引　　　　D. 筛选索引

3. 下列（　　）不适合与做索引字段。

    A. 主键
             B. 经常检索的字段

    C. 经常更新的字段
             D. 不同值较多的列上建立索引

4. 索引定义语句的一般形式是（　　）。

    A. CREATE   INDEX   indexname   ON   tableName (column, …)

    B. DEFINE   INDEX   indexname   NO   tableName (attribute, …)

    C. CREATE   INDEX   indexname   TO   tableName (attribute, …)

    D. CREATE   INDEX   indexname   WITH   tableName(attribute, …)

二、简答题

1. 创建索引的主要目的是什么？什么字段适合做索引字段？

2. 删除索引的时候所对应的表会被删除吗？为什么？

3. 聚集索引和非聚集索引的区别有什么区别？

三、操作题

1. 在成绩管理数据库 AMDB 的上创建一个由教师编号 t_no 和教师姓名 t_name 组成的升序的唯一性索引 teacher-tr1。

2. 查看 teacher-tr1 索引的信息。

3. 将 teacher-tr1 索引重命名为 teacher-tr-new。

4. 删除 teacher-tr-new 索引。

第6章　表中数据的查询

数据查询是数据库管理系统中的一个最重要的功能。数据查询性能不是简单地返回数据库中存储的数据，而是根据用户的不同需求对于数据进行筛选，并且以用户需要的格式返回结果。SQL Server 中采用了强大的、灵活的 SELECT 语句来实现数据查询。

通过本章的学习，您将掌握以下知识及技能：

（1）了解 SELECT 语句的基本结构。

（2）熟练使用 SELECT 语句中各子句来检索数据。

（3）熟练使用子查询来检索数据。

（4）掌握使用连接查询来检索数据。

6.1　SELECT 检索数据

6.1.1　SELECT 语句的基本结构

SELECT 语句主要是从数据库中检索行，并允许从 SQL Server 2012 中的一个或多个表中选择一个或多个行或列。虽然 SELECT 语句的完整语法较复杂，但其基本结构可归纳如下：

```
[ WITH <common_table_expression>]
SELECT select_list
[ INTO new_table ]
[ FROM table_source ]
[ WHERE search_condition ]
[ GROUP BY group_by_expression]
[ HAVING search_condition]
[ ORDER BY order_expression [ ASC | DESC ] ]
```

SELECT 语句的参数及说明如表 6.1 所示。

表 6.1　SELECT 语句的参数及说明

参　　数	说　　明
WITH <common_table_expression>	WITH 指定临时命名的结果集，这些结果集称为公用表表达式（CTE）
SELECT select_list	SELECT 子句是指定查询返回的列。 select_list 指定选择列
INTO new_table	INTO 子句是在默认文件组中创建一个新表，并将来自查询的结果行插入该表中。 new_table 根据选择列表中的列和从数据源选择的行，指定要创建的新表名

参　数	说　明
FROM table_source	FROM 子句是指定在 SQL Server 2012 的 DELETE、SELECT 和 UPDATE 语句中使用的表、视图、派生表和连接表。 table_source 是指定要使用的表、视图、表变量或派生表源
WHERE search_condition	WHERE 子句是指定查询返回的行的搜索条件。search_condition 是指定义要返回的行应满足的条件
GROUP BY group_by_expression	GROUP BY 子句是按 SQL Server 2012 中一个或多个列或表达式的值将一组选定行组合成一个摘要行集。group_by_expression 是指针对其执行分组操作的表达式
HAVING search_condition	HAVING 子句是指定组或聚合的搜索条件。 search_condition 是指定组或聚合应满足的搜索条件
ORDER BY order_expression [ASC | DESC]	ORDER BY 子句是对 SQL Server 2012 中的查询所返回的数据进行排序。order_expression 指组成排序列表的结果集的列。ASC|DESC 指定排序是按升序还是降序排序

6.1.2　WITH 子句

　　WITH 子句指定临时命名的结果集，这些结果集称为公用表表达式（CTE）。该表达式源自简单查询，并且在单条 SELECT、INSERT、UPDATE 或 DELETE 语句的执行范围内定义。该子句也可用在 CREATE VIEW 语句中，作为该语句的 SELECT 定义语句的一部分。

　　基本语法格式如下：

```
[ WITH <common_table_expression> [ ,…n ] ]

<common_table_expression>::=
    expression_name [ ( column_name [ ,…n ] ) ]
    AS
    ( CTE_query_definition )
```

WITH 子句的参数及说明如表 6.2 所示。

表 6.2　WITH 子句的参数及说明

参　数	说　明
expression_name	公用表表达式的有效标识符。expression_name 必须与在同一 WITH<common_table_expression>子句中定义的任何其他公用表表达式的名称不同，但 expression_name 可以与基表或基视图的名称相同
column_name	在公用表表达式中指定列名。在一个 CTE 定义中不允许出现重复的名称。指定的列名数必须与 CTE_query_definition 结果集中列数匹配。只有在查询定义中为所有结果列都提供了不同的名称时，列名称列表才是可选的
CTE_query_definition	指定一个其结果集填充公用表表达式的 SELECT 语句。除了 CTE 不能定义另一个 CTE 以外，CTE_query_definition 的 SELECT 语句必须满足与创建视图时相同的要求

　　【例 6.1】利用成绩管理数据库 AMDB 中的 teacher 表的教师职称和对应人数来创建公用表表达式 COUNTNUM。

　　SQL 语句如下：

```
USE AMDB
GO
```

```
WITH COUNTNUM(protitle,protitlecount) AS
  (
     SELECT proTitle,count(proTitle)
     FROM teacher
     GROUP BY proTitle
  )

SELECT * FROM COUNTNUM
```

执行结果如图 6.1 所示。

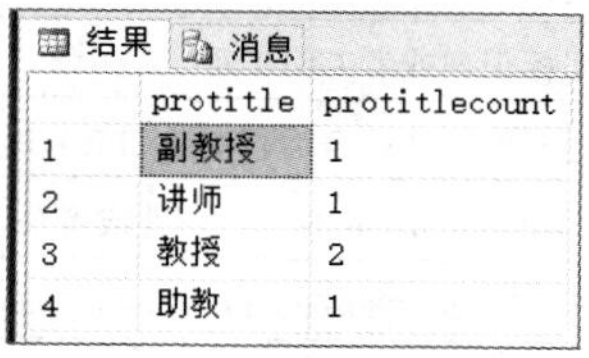

	protitle	protitlecount
1	副教授	1
2	讲师	1
3	教授	2
4	助教	1

图 6.1　创建公用表表达式 COUNTNUM 的结果

6.1.3　SELECT 子句

SELECT 子句指定查询返回的列。其基本语法格式如下：

```
SELECT [ ALL | DISTINCT ]
[ TOP ( expression ) [ PERCENT ] [ WITH TIES ] ]
<select_list>
<select_list> ::=
    {
      *
      | { table_name | view_name | table_alias }.*
      | {
          [ { table_name | view_name | table_alias }. ]
              { column_name | $IDENTITY | $ROWGUID }
          | udt_column_name [ { . | :: } { { property_name | field_name }
            | method_name ( argument [ ,…n] ) } ]
          | expression
          [ [ AS ] column_alias ]
        }
      | column_alias = expression
    } [ ,…n ]
```

SELECT 子句的参数及说明如表 6.3 所示。

表 6.3　SELECT 子句的参数及说明

参　数	说　明
ALL	指定在结果集中可以包含重复行。ALL 是默认值
DISTINCT	指定在结果集中只能包含唯一行。对于 DISTINCT 关键字来说，Null 值是相等的
TOP(expression) [PERCENT] [WITH TIES]	指示只能从查询结果集返回指定的第一组行或指定的百分比数目的行。expression 可以是行数或行的百分比

续表

参　数	说　明
select_list	要为结果集选择的列。选择列表是以逗号分隔的一系列表达式。可在选择列表中指定的表达式的最大数目是 4096
table_name | view_name | table_alias.*	将*的作用域限制为指定的表或视图
column_name	要返回的列名。多表查询时为避免 column_name 引用不明确，建议采用 table_name.column_name 的格式
Expression	常量、函数以及由一个或多个运算符连接的列名、常量和函数的任意组合，或者是子查询
$IDENTITY | $ROWGUID	返回标识列或者 GUID 列
udt_column_name	要返回的公共语言运行时（CLR）用户定义类型列的名称
property_name | field_name	udt_column_name 的公共属性或者公共数据成员
method_name	带一个或多个参数的 udt_column_name 的公共方法
column_ alias	查询结果集内替换列名的可选名

1. 使用*和列名

SELECT 语句在查询时允许指定查询的字段，可以指定查询所有的字段，也可以指定特定字段，查询所有字段是有两种方法，分别是通配符“*”和所有字段名。查询特定字段时，只要在 SELECT 关键字后面指定要查找的字段的名称即可，不同字段名称之间用“,”分隔开，最后一个字段后面不需要加逗号。

【例 6.2】查询成绩管理数据库 AMDB 中的 student 表的所有数据。

SQL 语句如下：

```
SELECT stu_no,stu_name,stu_sex,birthday,polity,class_no  FROM student
```

或者

```
SELECT  * FROM student
```

建议：如果查询表中字段较多，建议用第二种方法用*指定所有字段。

执行结果如图 6.2 所示。

结果 | 消息

	stu_no	stu_name	stu_sex	birthday	polity	class_no
1	2016560102	林伟	男	1999-06-07 00:00:00.000	团员	5601
2	2016560106	罗金安	男	1999-12-05 00:00:00.000	党员	5601
3	2016560126	张玉良	男	1998-11-16 00:00:00.000	NULL	5601
4	2016560206	林诗音	女	1999-05-03 00:00:00.000	党员	5602
5	2016560208	张尧学	男	1999-04-06 00:00:00.000	团员	5602
6	2016560214	李晓旭	男	1998-11-07 00:00:00.000	团员	5602
7	2016630126	王文韦	男	1996-05-08 00:00:00.000	党员	6301
8	2016630139	张文礼	男	1998-06-07 00:00:00.000	群众	6301
9	2016780101	王伟	男	1997-01-05 00:00:00.000	团员	7801
10	2016780133	王语云	女	1999-05-06 00:00:00.000	团员	7801
11	2016850206	张玉霞	女	1998-02-06 00:00:00.000	群众	8502
12	2016850214	李芸山	女	1999-03-06 00:00:00.000	团员	8502

图 6.2　查询表中记录的所有字段

【例 6.3】查询成绩管理数据库 AMDB 中的 student 表中学生的学号、姓名、性别和政治面貌。

SQL 语句如下：

```
SELECT  stu_no,stu_name,stu_sex,polity FROM  student
```

执行结果如图 6.3 所示。

图 6.3　查询表中记录的部分字段

2．使用 TOP 关键字返回前 n 行

SELECT 语句默认是返回所有匹配的行，有些时候如果仅仅需要返回前几行，则使用 TOP n 关键字，n 为返回的行数，如果指定了 TOP n PERCENT，则返回表中的前 n%行。

【例 6.4】查询成绩管理数据库 AMDB 中的 student 表中前三行记录的学号、姓名、性别和政治面貌。

SQL 语句如下：

```
SELECT TOP 3  stu_no,stu_name,stu_sex,polity  FROM  student
```
执行结果如图 6.4 所示。

图 6.4　返回查询结果前 3 行

【例 6.5】查询成绩管理数据库 AMDB 中的 student 表中前 50%行记录的学号、姓名、性别和政治面貌。

SQL 语句如下：

```
SELECT TOP 50 PERCENT  stu_no,stu_name,stu_sex,polity  FROM  student
```
执行结果如图 6.5 所示。

图 6.5　返回查询结果前 50%行

3．使用 DISTINCT 关键字取消重复

SELECT 语句默认是返回所有匹配的行，即使重复数据也会被返回。例如，我们前面看到的性别和政治面貌，有时候如果要统计表中有几种性别，按照前面的查询会返回所有行，会由大量重复，为了避免重复，可以使用 DISTINCT 关键字消除重复的记录。

【例 6.6】查询成绩管理数据库 AMDB 中的 student 表中有几种性别。

SQL 语句如下：

```
SELECT  DISTINCT stu_sex FROM  student
```

执行结果如图 6.6 所示。

4．使用列别名

SELECT 语句默认是返回的字段名称，如果是表中原有字段则 按照定义的名称，如果是计算列，则显示为无列名。例如，前面的 学号显示为 stu_no，这会造成一些了解上的问题，可以给字段取一个别名来解决。

图 6.6   取消重复的查询结果

别名的定义方式有以下三种：

- 列别名=列名

- 列名列别名

- 列名 AS 列别名

需要注意的是列别名只在定义的语句中有效。

【例 6.7】查询成绩管理数据库 AMDB 中的 student 表中前 5 行记录的学号、姓名、性别和政治面貌，并且以中文别名显示各字段。

SQL 语句如下：

```
SELECT TOP 5  '学号'=stu_no,stu_name '姓名',
              stu_sex  as '性别',polity  as '政治面貌'
FROM  student
```

执行结果如图 6.7 所示。

	学号	姓名	性别	政治面貌
1	2016560102	林伟	男	团员
2	2016560106	罗金安	男	党员
3	2016560126	张玉良	男	NULL
4	2016560206	林诗音	女	党员
5	2016560208	张尧学	男	团员

图 6.7   给字段设置别名

6.1.4 FROM 子句

FROM 子句是指定使用的表、视图、派生表和连接表。其基本语法格式如下：

```
[ FROM { <table_source> } [ ,…n ] ]
<table_source> ::=
{
    table_or_view_name [ [ AS ] table_alias ] [ <tablesample_clause> ]
       [ WITH ( < table_hint > [ [ , ]…n ] ) ]
    | rowset_function [ [ AS ] table_alias ]
       [ ( bulk_column_alias [ ,…n ] ) ]
    | user_defined_function [ [ AS ] table_alias ] ]
    | OPENXML <openxml_clause>
}
```

FROM 子句的参数及说明如表 6.4 所示。

表 6.4　FROM 子句的参数及说明

参　　数	说　　明
table_source	指定要在 Transact-SQL 语句中使用的表、视图、表变量或派生表源（有无别名均可）。一个语句中最多可使用 256 个表源
table_or_view_name	表或视图的名称
[AS] table_alias	table_source 的别名，别名可带来使用上的方便，也可用于区分自连接或子查询中的表或视图
WITH (<table_hint>)	指定查询优化器对此表和此语句使用优化或锁定策略
rowset_function	指定其中一个行集函数（如 OPENROWSET），该函数返回可用于替代表引用的对象
bulk_column_alias	代替结果集内列名的可选别名
user_defined_function	指定表值函数
OPENXML <openxml_clause>	通过 XML 文档提供行集视图
derived_table	从数据库中检索行的子查询

FROM 子句中如果指定了一个以上的基本表或者视图，则显示结果会计算它们之间的笛卡儿积，为了避免这种情况发生，一般都与 WHERE 子句等值条件配合。另外，在多表查询的时候，如多表有相同名称的字段，会提示字段不明确的错误，此时应该在 SELECT 子句中用"表名.字段名"明确指定字段。

【例 6.8】查询成绩管理数据库 AMDB 中的学生的学号、姓名、性别、班级名称和政治面貌，其中姓名、班级、性别和政治面貌保存在学生表，班级名称保持在班级表，两个表都有班级编号字段。

SQL 语句如下：

```
SELECT
student.stu_no,student.stu_name,student.stu_sex,
class.class_name,student.polity
FROM    student ,class
WHERE
student.class_no=class.class_no
```

执行结果如图 6.8 所示。

	stu_no	stu_name	stu_sex	class_name	polity
1	2016560102	林伟	男	网络技术1班	团员
2	2016560106	罗金安	男	网络技术1班	党员
3	2016560126	张玉良	男	网络技术1班	NULL
4	2016560206	林诗音	女	网络技术2班	党员
5	2016560208	张尧学	男	网络技术2班	团员
6	2016560214	李晓旭	男	网络技术2班	团员
7	2016630126	王文韦	男	电子技术1班	党员
8	2016630139	张文礼	男	电子技术1班	群众
9	2016780101	王伟	男	电子商务1班	团员
10	2016780133	王语云	女	电子商务1班	团员
11	2016850206	张玉霞	女	会计2班	群众
12	2016850214	李芸山	女	会计2班	团员

图 6.8　多表查询结果

6.1.5　INTO 子句

INTO 子句是创建新表并将并将来自查询的结果行插入该表中。其基本语法格式如下：

```
[ INTO new_table ]
```

INTO 子句的参数及说明如表 6.5 所示。

表 6.5　INTO 子句的参数及说明

参　　数	说　　明
new_table	根据选择列表中的列和从数据源选择的行，指定要创建的新表名。new_table 的格式通过对选择列表中的表达式进行取值来确定。new_table 中的列按选择列表指定的顺序创建。new_table 中的每列与选择列表中的相应表达式具有相同的名称、数据类型、为 Null 性和值

【例 6.9】使用 INTO 子句创建一个新表 student_new，表中包含 student 表中所有学生的学号、姓名、性别和政治面貌，并且以中文别名显示各字段。

SQL 语句如下：

```
SELECT stu_no,stu_name,stu_sex,polity
INTO student_new
FROM  student
```

执行成功后，利用查询语句查看新表，结果如图 6.9 所示。

	stu_no	stu_name	stu_sex	polity
1	2016560102	林伟	男	团员
2	2016560106	罗金安	男	党员
3	2016560126	张玉良	男	NULL
4	2016560206	林诗音	女	党员
5	2016560208	张尧学	男	团员
6	2016560214	李晓旭	男	团员
7	2016630126	王文韦	男	党员
8	2016630139	张文礼	男	群众
9	2016780101	王伟	男	团员
10	2016780133	王语云	女	团员
11	2016850206	张玉霞	女	群众
12	2016850214	李芸山	女	团员

图 6.9 新表查询结果

6.1.6 WHERE 子句

WHERE 子句是指定查询返回的行的搜索条件。其基本语法格式如下：

```
[ WHERE <search_condition> ]

<search_condition> ::=
    { [ NOT ] <predicate> | ( <search_condition> ) }
    [ { AND | OR } [ NOT ] { <predicate> | ( <search_condition> ) } ]
[ ,...n ]
<predicate> ::=
    { expression { = | < > | ! = | > | > = | ! > | < | < = | ! < } expression
    | string_expression [ NOT ] LIKE string_expression
[ ESCAPE 'escape_character' ]
    | expression [ NOT ] BETWEEN expression AND expression
    | expression IS [ NOT ] NULL
    | CONTAINS
( { column | * } , '<contains_search_condition>' )
    | FREETEXT ( { column | * } , 'freetext_string' )
    | expression [ NOT ] IN ( subquery | expression [ ,…n ] )
    | expression { = | < > | ! = | > | > = | ! > | < | < = | ! < }
{ ALL | SOME | ANY} ( subquery )
    | EXISTS ( subquery )        }
```

WHERE 子句的参数及说明如表 6.6 所示。

表 6.6 WHERE 子句的参数及说明

参　数	说　明
search_condition	指定要在 SELECT 语句、查询表达式或子查询的结果集中返回的行的条件。对于 UPDATE 语句，指定要更新的行。对于 DELETE 语句，指定要删除的行。Transact-SQL 语句搜索条件中可以包含任意多个谓词
NOT	对谓词指定的布尔表达式求反
AND	组合两个条件，并在两个条件都为 TRUE 时取值为 TRUE
OR	组合两个条件，并在任何一个条件为 TRUE 时取值为 TRUE
predicate	返回 TRUE、FALSE 或 UNKNOWN 的表达式
Expression	列名、常量、函数、变量、标量子查询，或者是通过运算符或子查询连接的列名、常量和函数的任意组合
string_expression	字符串和通配符

续表

参　数	说　明
[NOT] LIKE	指示后续字符串使用时要进行模式匹配
ESCAPE 'escape_ character'	允许在字符串中搜索通配符，而不是将其作为通配符使用
[NOT] BETWEEN	指定值的包含范围
IS [NOT] NULL	根据使用的关键字，指定是否搜索空值或非空值
CONTAINS	在包含基于字符的数据的列中，搜索单个词和短语的精确或不精确（模糊）的匹配项、在一定范围内相同的近似词以及加权匹配项
FREETEXT	在包含基于字符的数据的列中，搜索与谓词中的词的含义相符而非精确匹配的值，从而提供一种形式简单的自然语言查询
[NOT] IN	根据是在列表中包含还是排除某表达式，指定对该表达式的搜索。搜索表达式可以是常量或列名，而列表可以是一组常量，更常用的是子查询
ALL	与比较运算符和子查询一起使用。如果为子查询检索的所有值都满足比较运算，则为<predicate>返回 TRUE；如果并非所有值都满足比较运算或子查询未向外部语句返回行，则返回 FALSE
{ SOME	ANY }	与比较运算符和子查询一起使用。如果为子查询检索的任何值都满足比较运算，则为<predicate>返回 TRUE；如果子查询内没有值满足比较运算或子查询未向外部语句返回行，则返回 FALSE。其他为 UNKNOWN
EXISTS	与子查询一起使用，用于测试是否存在子查询返回的行

1. 使用关系表达式

WHERE 子句中，关系表达式由运算符和列组成，可用于列值的大小关系的判断，主要的比较运算符如表 6.7 所示。

表 6.7　比较运算符

比较运算符	=	<>或! =	>	> =	!>	<	<=	!<
含义	相等	不等	大于	大于等于	不大于	小于	小于等于	不小于

【例 6.10】查询成绩管理数据库 AMDB 中的 student 表中班号是 5602 的同学记录。
SQL 语句如下：

```
SELECT * FROM student WHERE class_no='5602'
```
执行结果如图 6.10 所示。

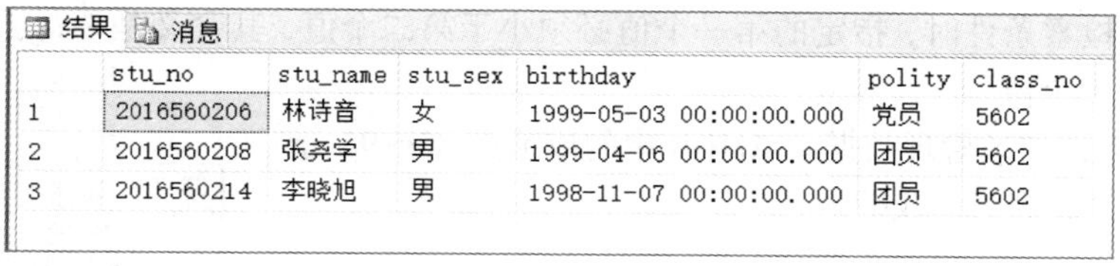

图 6.10　查询 5602 班同学记录

2. 使用逻辑运算符

WHERE 子句中，如果想把几个单一条件组成一个复合条件，就需要使用逻辑运算符 AND、OR 和 NOT，逻辑运算符的具体说明如表 6.8 所示。

表 6.8　逻辑运算符

逻辑运算符	说　明
AND	逻辑与，AND 连接两个条件，只有当两个条件都符合时才返回 TRUE
OR	逻辑或，OR 连接两个条件，只要有一个条件符合便返回 TRUE
NOT	逻辑非，NOT 对结果进行取反

【例 6.11】查询成绩管理数据库 AMDB 中的 student 表中男生团员同学记录。

SQL 语句如下：

```
SELECT * FROM student WHERE stu_sex='男' AND polity='团员'
```

执行结果如图 6.11 所示。

	stu_no	stu_name	stu_sex	birthday	polity	class_no
1	2016560102	林伟	男	1999-06-07 00:00:00.000	团员	5601
2	2016560208	张尧学	男	1999-04-06 00:00:00.000	团员	5602
3	2016560214	李晓旭	男	1998-11-07 00:00:00.000	团员	5602
4	2016780101	王伟	男	1997-01-05 00:00:00.000	团员	7801

图 6.11　查询男团员同学记录

【例 6.12】查询成绩管理数据库 AMDB 中的 student 表中男生和班号是 5602 的同学记录。

SQL 语句如下：

```
SELECT * FROM student WHERE stu_sex='男' OR class_no='5602'
```

执行结果如图 6.12 所示。

	stu_no	stu_name	stu_sex	birthday	polity	class_no
1	2016560102	林伟	男	1999-06-07 00:00:00.000	团员	5601
2	2016560106	罗金安	男	1999-12-05 00:00:00.000	党员	5601
3	2016560126	张玉良	男	1998-11-16 00:00:00.000	NULL	5601
4	2016560206	林诗音	女	1999-05-03 00:00:00.000	党员	5602
5	2016560208	张尧学	男	1999-04-06 00:00:00.000	团员	5602
6	2016560214	李晓旭	男	1998-11-07 00:00:00.000	团员	5602
7	2016630126	王文韦	男	1996-05-08 00:00:00.000	党员	6301
8	2016630139	张文礼	男	1998-06-07 00:00:00.000	群众	6301
9	2016780101	王伟	男	1997-01-05 00:00:00.000	团员	7801

图 6.12　查询男生和团员同学记录

3．使用 BETWEEN 关键字

WHERE 子句中，BETWEEN…AND 和 NOT…BETWEEN…AND 来指定范围条件。使用 BETWEEN AND 检索条件时，指定的第一个值必须小于第二个值，其含义是"大于等于第一个值，并且小于等于第二个值"。

【例 6.13】查询成绩管理数据库 AMDB 中的成绩在 85～95 分之间的学生的学号、姓名和成绩。

SQL 语句如下：

```
SELECT
student.stu_no ,student.stu_name,score.score
FROM student,score
WHERE score BETWEEN 85 and 95 and
student.stu_no =score.stu_no
```

执行结果如图 6.13 所示。

	stu_no	stu_name	score
1	2016560208	张尧学	88
2	2016560214	李晓旭	92
3	2016850214	李芸山	86

图 6.13　查询成绩在 85～
95 分的学生信息

4．使用 LIKE 关键字

WHERE 子句中，LIKE 关键字用来确定特定字符串是否与指定模式相匹配。模式可以包含常规字符和通配符。模式匹配过程中，常规字符必须与字符串中指定的字符完全匹配。但是，通配符可以与字符串的任意部分相匹配，与使用=和!=字符串比较运算符相比，使用通配符可使 LIKE 运算符更加灵活，常用的通配符如表 6.9 所示。

表 6.9　常用的通配符

通　配　符	说　明	示　例
%	包含零个或多个字符的任意字符串	WHERE title LIKE '%computer%'将查找在书名中任意位置包含单词"computer"的所有书名
_（下画线）	任何单个字符	WHERE au_fname LIKE '_ean'将查找以 ean 结尾的所有 4 个字母的名字（Dean、Sean 等）
[ ]	指定范围（[a-f]）或集合（[abcdef]）中的任何单个字符	WHERE au_lname LIKE '[C-P]arsen'将查找以 arsen 结尾并且以介于 C 与 P 之间的任何单个字符开始的作者姓氏，例如 Carsen、Larsen、Karsen 等
[^]	不属于指定范围（[a-f]）或集合（[abcdef]）的任何单个字符	WHERE au_lname LIKE 'de[^l]%'将查找以 de 开始并且其后的字母不为 l 的所有作者的姓氏

【例 6.14】查询成绩管理数据库 AMDB 中的 student 表中姓李的同学信息。

SQL 语句如下：

```
SELECT  *  FROM  student  WHERE  stu_name like '李%'
```
执行结果如图 6.14 所示。

	stu_no	stu_name	stu_sex	birthday	polity	class_no
1	2016560214	李晓旭	男	1998-11-07 00:00:00.000	团员	5602
2	2016850214	李芸山	女	1999-03-06 00:00:00.000	团员	8502

图 6.14　查询姓李的学生信息

【例 6.15】查询成绩管理数据库 AMDB 中的 student 表中名字中包含"文"的同学学号、姓名、性别。

SQL 语句如下：

```
SELECT  stu_no,stu_name,stu_sex FROM  student  WHERE  stu_name like '%文%'
```
执行结果如图 6.15 所示。

	stu_no	stu_name	stu_sex
1	2016630126	王文韦	男
2	2016630139	张文礼	男

图 6.15　查询名字中包含"文"的学生信息

【例 6.16】查询成绩管理数据库 AMDB 中的 student 表中名字以"伟"结束的同学学号、姓名、性别。

SQL 语句如下：

```
SELECT  stu_no,stu_name,stu_sex FROM  student  WHERE  stu_name like '%伟'
```
执行结果如图 6.16 所示。

图 6.16　查询名字以"伟"结束的学生信息

5. 使用 IN 关键字

WHERE 子句中，IN 关键字用来确定指定的值是否与子查询或者列表中的值匹配。

【例 6.17】查询成绩管理数据库 AMDB 中的 student 表中党员和团员的同学信息。

SQL 语句如下：

```
SELECT * FROM student WHERE polity IN ('党员','团员')
```

执行结果如图 6.17 所示。

图 6.17　查询党员和团员的学生信息

6. 使用 IS NULL 关键字

WHERE 子句中，IS NULL 关键字是用来跟空值 NULL 进行比较判断。

【例 6.18】查询成绩管理数据库 AMDB 中的 student 表中政治面貌为空的同学信息。

SQL 语句如下：

```
SELECT * FROM student WHERE polity IS NULL
```

执行结果如图 6.18 所示。

图 6.18　查询政治面貌为空的学生信息

6.1.7　GROUP BY 子句

GROUP BY 子句是对数据按照某或者多个字段进行分组。其基本语法格式如下：

```
[ GROUP BY group_by_expression [ ,…n ] ]
```

GROUP BY 子句的参数及说明如表 6.10 所示。

表 6.10　GROUP BY 子句的参数及说明

参　　数	说　　明
group_by_expression	针对其执行分组操作的表达式。group_by_expression 也称分组列。group_by expression 可以是列，也可以是引用由 FROM 子句返回的列的非聚合表达式。不能使用在 SELECT 列表中定义的列别名来指定组合列

【**例 6.19**】将成绩管理数据库 AMDB 中的 student 表中的学生按照性别分组，并统计每种性别的人数。

SQL 语句如下：

```
SELECT stu_sex,count(stu_sex) as '人数'  FROM student
GROUP BY stu_sex
```

执行结果如图 6.19 所示。

图 6.19　统计不同性别
学生人数

6.1.8　HAVING 子句

HAVING 子句是指定组或聚合的搜索条件。HAVING 只能与 SELECT 语句一起使用。HAVING 通常在 GROUP BY 子句中使用。如果不使用 GROUP BY 子句，则 HAVING 的行为与 WHERE 子句一样。其基本语法格式如下：

```
[ HAVING <search condition> ]
```

HAVING 子句的参数及说明如表 6.11 所示。

表 6.11　HAVING 子句的参数及说明

参　　数	说　　明
search condition	指定组或聚合应满足的搜索条件。 在 HAVING 子句中不能使用 text、image 和 ntext 数据类型

【**例 6.20**】统计成绩管理数据库 AMDB 中的 student 表中的女生人数。

SQL 语句如下：

```
SELECT count(stu_sex) as '女生的人数'  FROM student
                GROUP BY stu_sex   HAVING stu_sex='女'
```

执行结果如图 6.20 所示。

图 6.20　统计女生人数

6.1.9　ORDER BY 子句

ORDER BY 子句是对 SQL Server 2012 中的查询所返回的数据进行排序。其基本语法格式如下：

```
ORDER BY order_by_expression
    [ COLLATE collation_name ] [ ASC | DESC ] [ ,…n ]
```

ORDER BY 子句的参数及说明如表 6.12 所示。

表 6.12　ORDER BY 子句的参数及说明

参　　数	说　　明
order_by_expression	指定用于对查询结果集进行排序的列或表达式。可以将排序列指定为一个名称或列别名，也可以指定一个表示列在选择列表中所处位置的非负整数
COLLATE collation_name	指定根据 collation_name 中指定的排序规则应执行的 ORDER BY 操作，而不是表或视图中所定义的列的排序规则。collation_name 既可以是 Windows 排序规则名称，也可以是 SQL 排序规则名称
ASC | DESC	指定按升序或降序排列指定列中的值。ASC 按从最低值到最高值的顺序进行排序。DESC 按从最高值到最低值的顺序进行排序。ASC 是默认排序顺序。Null 值被视为最低的可能值

【**例 6.21**】查询成绩管理数据库 AMDB 中的 student 表中的政治面貌不为空的学生信息，并按照性别的降序、班号的升序排序。

SQL 语句如下：

```
SELECT * FROM student WHERE polity IS NOT NULL
ORDER BY stu_sex DESC,class_no
```

执行结果如图 6.21 所示。

	stu_no	stu_name	stu_sex	birthday	polity	class_no
1	2016560206	林诗音	女	1999-05-03 00:00:00.000	党员	5602
2	2016780133	王语云	女	1999-05-06 00:00:00.000	团员	7801
3	2016850206	张玉霞	女	1998-02-06 00:00:00.000	群众	8502
4	2016850214	李芸山	女	1999-03-06 00:00:00.000	团员	8502
5	2016560102	林伟	男	1999-06-07 00:00:00.000	团员	5601
6	2016560106	罗金安	男	1999-12-05 00:00:00.000	党员	5601
7	2016560208	张尧学	男	1999-04-06 00:00:00.000	团员	5602
8	2016560214	李晓旭	男	1998-11-07 00:00:00.000	团员	5602
9	2016630139	张文礼	男	1998-06-07 00:00:00.000	群众	6301

图 6.21　按照性别降序、班号升序排序

6.2　子　查　询

6.2.1　子查询概述

子查询是一个嵌套在 SELECT、INSERT、UPDATE 或 DELETE 语句或其他子查询中的查询。任何允许使用表达式的地方都可以使用子查询。子查询也称内部查询或内部选择，而包含子查询的语句也称外部查询或外部选择。

许多包含子查询的 Transact-SQL 语句都可以改用连接表示，其他问题只能通过子查询提出。在 Transact-SQL 中，包含子查询的语句和语义上等效的不包含子查询的语句在性能上通常没有差别。但是，在一些必须检查存在性的情况中，使用连接会产生更好的性能。否则，为确保消除重复值，必须为外部查询的每个结果都处理嵌套查询。所以，在这些情况下，连接方式会产生更好的效果。

在使用子查询时，要注意以下事项：

（1）子查询的 SELECT 查询总是使用圆括号括起来。

（2）它不能包含 COMPUTE 或 FOR BROWSE 子句，如果同时指定了 TOP 子句，则只能包含 ORDER BY 子句。

（3）子查询可以嵌套在外部 SELECT、INSERT、UPDATE 或 DELETE 语句的 WHERE 或 HAVING 子句内，也可以嵌套在其他子查询内。

（4）子查询最多可以嵌套 32 层，个别查询可能不支持 32 层嵌套。

（5）任何可以使用表达式的地方都可以使用子查询，只要它返回的是单个值。

（6）如果某个表只出现在子查询中，而没有出现在外部查询中，那么该表中的列就无法包含在输出（外部查询的选择列表）中。

6.2.2　使用 IN 关键字

IN 关键字嵌套查询的语法格式为：

```
WHERE 查询表达式 [NOT] IN（子查询）
```

使用 IN 关键字进行子查询时，内存嵌套语句仅仅返回一个数据列，这个数据列里面的值将提供给外层查询语句进行比较操作。

【例 6.22】查询成绩管理数据库 AMDB 中的 student 表中的没有参加考试的学生信息。

SQL 语句如下：

```
SELECT * FROM  student
WHERE  stu_no NOT IN (select stu_no FROM score)
```

执行结果如图 6.22 所示。

	stu_no	stu_name	stu_sex	birthday	polity	class_no
1	2016560102	林伟	男	1999-06-07 00:00:00.000	团员	5601
2	2016560126	张玉良	男	1998-11-16 00:00:00.000	NULL	5601
3	2016560206	林诗音	女	1999-05-03 00:00:00.000	党员	5602
4	2016780101	王伟	男	1997-01-05 00:00:00.000	团员	7801

图 6.22　没有参加考试的学生信息

6.2.3　使用比较运算符

子查询可以使用的比较运算符有=、<>、! =、>、> =、! >、<、<、和! <。子查询比较运算把一个表达式的值和由子查询产生的一个值进行比较，返回结果为 TURE 或者 FALSE。

【例 6.23】查询成绩管理数据库 AMDB 中的 student 表中的比"林伟"小的同学信息。

SQL 语句如下：

```
SELECT * FROM  student
WHERE  birthday> (select birthday  FROM student WHERE stu_name='林伟')
```

执行结果如图 6.23 所示。

	stu_no	stu_name	stu_sex	birthday	polity	class_no
1	2016560106	罗金安	男	1999-12-05 00:00:00.000	党员	5601

图 6.23　比"林伟"小的学生信息

6.2.4　使用 ANY、SOME 和 ALL 关键字

SQL 支持 ANY、SOME 和 ALL 三种定量比较谓词，它们都是判断是否任何或全部返回值都满足搜索要求的。

ALL 关键字接在一个比较操作符后，表示与子查询返回的所有值比较为 TURE，则返回 TRUE；ANY 和 SOME 只要有一个结果为 TRUE，则返回 TRUE。

【例 6.24】查询成绩管理数据库 AMDB 中的 student 表中的比女生大的男生信息。

SQL 语句如下：

```
SELECT * FROM  student
WHERE  birthday< any(select birthday  FROM student WHERE  stu_sex='女')
    and stu_sex='男'
```

或者

```
SELECT * FROM  student
WHERE  birthday< some(select birthday  FROM student WHERE  stu_sex='女')
    and stu_sex='男'
```

执行结果如图 6.24 所示。

	stu_no	stu_name	stu_sex	birthday	polity	class_no
1	2016560126	张玉良	男	1998-11-16 00:00:00.000	NULL	5601
2	2016560208	张尧学	男	1999-04-06 00:00:00.000	团员	5602
3	2016560214	李晓旭	男	1998-11-07 00:00:00.000	团员	5602
4	2016630126	王文韦	男	1996-05-08 00:00:00.000	党员	6301
5	2016630139	张文礼	男	1998-06-07 00:00:00.000	群众	6301
6	2016780101	王伟	男	1997-01-05 00:00:00.000	团员	7801

图 6.24　比女生大的男生信息

【例 6.25】查询成绩管理数据库 AMDB 中的 student 表中的的比所有女生都大的男生信息。

SQL 语句如下：

```
SELECT * FROM  student
WHERE  birthday< all(select birthday  FROM student WHERE  stu_sex='女')
     and stu_sex='男'
```

执行结果如图 6.25 所示。

	stu_no	stu_name	stu_sex	birthday	polity	class_no
1	2016630126	王文韦	男	1996-05-08 00:00:00.000	党员	6301
2	2016780101	王伟	男	1997-01-05 00:00:00.000	团员	7801

图 6.25　比所有女生都大的男生信息

6.2.5　使用 EXISTS 关键字

EXISTS 谓词关键字后面的参数是一个任意的子查询，系统对子查询进行运算以判断它是否返回行。如果子查询返回一个或者多行，那么 EXISTS 为 TRUE，此时外层查询语句将进行查询。如果子查询没有返回任何行，那么 EXISTS 返回的结果是 FALSE，此时外层语句将不进行查询。

【例 6.26】查询成绩管理数据库 AMDB 中的 student 表中是否有女党员，如果有，就返回表中的所有党员记录。

SQL 语句如下：

```
SELECT * FROM  student
WHERE  EXISTS(select * from student where stu_sex='女' and polity='党员')
     and polity='党员'
```

执行结果如图 6.26 所示。

	stu_no	stu_name	stu_sex	birthday	polity	class_no
1	2016560106	罗金安	男	1999-12-05 00:00:00.000	党员	5601
2	2016560206	林诗音	女	1999-05-03 00:00:00.000	党员	5602
3	2016630126	王文韦	男	1996-05-08 00:00:00.000	党员	6301

图 6.26　使用 EXISTS 关键字进行查询

6.3　连　接　查　询

SQL Server 中，可以使用两种方式进行多表连接：一种是 FROM 子句中利用 WHERE 子句指定连接条件，从而实现多表连接；另一种是在 FROM 子句中使用 JOIN...ON 关键字，连接条件写在 ON 之后，从而实现多表连接。

6.3.1　内连接

内连接是使用比较运算符比较要连接列中值的连接。内连接也叫连接，是最早的一种连接，最早被称为普通连接或者自然连接。内连接就是从结果中删除其他被连接表中没有匹配的所有行，所以内连接可能会丢失信息。

内连接使用 JOIN 进行连接，其基本语法格式如下：

```
SELECT fieldlist
FROM table1 [INNER] JOIN table2
ON table1.column= table2.column
```

【例 6.27】在成绩管理数据库 AMDB 中，将学生表 student 和班级表 class 进行内连接查询。SQL 语句如下：

```
SELECT  student.*,class.*
FROM  student  INNER JOIN class
ON student.class_no=class.class_no
```

执行结果如图 6.27 所示。

	stu_no	stu_name	stu_sex	birthday	polity	class_no	class_no	class_name
1	2016560102	林伟	男	1999-06-07 00:00:00.000	团员	5601	5601	网络技术1班
2	2016560106	罗金安	男	1999-12-05 00:00:00.000	党员	5601	5601	网络技术1班
3	2016560126	张玉良	男	1998-11-16 00:00:00.000	NULL	5601	5601	网络技术1班
4	2016560206	林诗音	女	1999-05-03 00:00:00.000	党员	5602	5602	网络技术2班
5	2016560208	张尧学	男	1999-04-06 00:00:00.000	团员	5602	5602	网络技术2班
6	2016560214	李晓旭	男	1998-11-07 00:00:00.000	团员	5602	5602	网络技术2班
7	2016630126	王文韦	男	1996-05-08 00:00:00.000	党员	6301	6301	电子技术1班
8	2016630139	张文礼	男	1998-06-07 00:00:00.000	群众	6301	6301	电子技术1班
9	2016780101	王伟	男	1997-01-05 00:00:00.000	团员	7801	7801	电子商务1班
10	2016780133	王语云	女	1999-05-06 00:00:00.000	团员	7801	7801	电子商务1班
11	2016850206	张玉霞	女	1998-02-06 00:00:00.000	群众	8502	8502	会计2班
12	2016850214	李芸山	女	1999-03-06 00:00:00.000	团员	8502	8502	会计2班

图 6.27　student 表和 class 表进行内连接查询结果

6.3.2　外连接

外连接扩充了内连接的功能，会把内连接中删除表源中的一些保留下来，由于保留下来的行不同，可以将外部连接分为左外连接、右外连接和全外连接。

1. 左外连接

左外连接使用 LEFT JOIN 进行连接，左外连接的结果集包括 LEFT JOIN 子句中指定的左表中的所有行，而不仅是连接列中所匹配的行。如果左表的某一行在右表中没有匹配行，则在关联的结果集行中，来自右表的所有选择列表均为空值。

左外连接使用 LEFT JOIN 进行连接，其基本语法格式如下：

```
SELECT fieldlist
FROM table1 LEFT JOIN table2
ON table1.column= table2.column
```

【例 6.28】在成绩管理数据库 AMDB 中，将学生表 student 和班级表 class 进行左外连接查询。SQL 语句如下：

```
SELECT  student.*,class.*
```

```
FROM  student  LEFT JOIN class
ON student.class_no =class.class_no
```

执行结果如图 6.28 所示。

	stu_no	stu_name	stu_sex	birthday	polity	class_no	class_no	class_name
1	2016560102	林伟	男	1999-06-07 00:00:00.000	团员	5601	5601	网络技术1班
2	2016560106	罗金安	男	1999-12-05 00:00:00.000	党员	5601	5601	网络技术1班
3	2016560126	张玉良	男	1998-11-16 00:00:00.000	NULL	5601	5601	网络技术1班
4	2016560206	林诗音	女	1999-05-03 00:00:00.000	党员	5602	5602	网络技术2班
5	2016560208	张尧学	男	1999-04-06 00:00:00.000	团员	5602	5602	网络技术2班
6	2016560214	李晓旭	男	1998-11-07 00:00:00.000	团员	5602	5602	网络技术2班
7	2016630126	王文韦	男	1996-05-08 00:00:00.000	党员	6301	6301	电子技术1班
8	2016630139	张文礼	男	1998-06-07 00:00:00.000	群众	6301	6301	电子技术1班
9	2016780101	王伟	男	1997-01-05 00:00:00.000	团员	7801	7801	电子商务1班
10	2016780133	王语云	女	1999-05-06 00:00:00.000	团员	7801	7801	电子商务1班
11	2016850206	张玉霞	女	1998-02-06 00:00:00.000	群众	8502	8502	会计2班
12	2016850214	李芸山	女	1999-03-06 00:00:00.000	团员	8502	8502	会计2班

图 6.28   student 表和 class 表进行左外连接查询结果

2．右外连接

右外连接使用 RIGHT JOIN 进行连接，是左外连接的反向连接。将返回右表的所有行，如果右表的某一行在左表没有匹配行，则将为左表返回空值。

右外连接使用 RIGHT JOIN 进行连接，其基本语法格式如下：

```
SELECT fieldlist
FROM table1 RIGHT JOIN table2
ON table1.column= table2.column
```

【例 6.29】在成绩管理数据库 AMDB 中，将学生表 student 和班级表 class 进行右外连接查询。

SQL 语句如下：

```
SELECT  student.*,class.*
FROM  student  RIGHT JOIN class
ON student.class_no =class.class_no
```

执行结果如图 6.29 所示。

	stu_no	stu_name	stu_sex	birthday	polity	class_no	class_no	class_name
1	NULL	NULL	NULL	NULL	NULL	NULL	3601	国际商务1班
2	NULL	NULL	NULL	NULL	NULL	NULL	3801	绿色食品1班
3	NULL	NULL	NULL	NULL	NULL	NULL	4501	多媒体1班
4	2016560102	林伟	男	1999-06-07 00:00:00.000	团员	5601	5601	网络技术1班
5	2016560106	罗金安	男	1999-12-05 00:00:00.000	党员	5601	5601	网络技术1班
6	2016560126	张玉良	男	1998-11-16 00:00:00.000	NULL	5601	5601	网络技术1班
7	2016560206	林诗音	女	1999-05-03 00:00:00.000	党员	5602	5602	网络技术2班
8	2016560208	张尧学	男	1999-04-06 00:00:00.000	团员	5602	5602	网络技术2班
9	2016560214	李晓旭	男	1998-11-07 00:00:00.000	团员	5602	5602	网络技术2班
10	2016630126	王文韦	男	1996-05-08 00:00:00.000	党员	6301	6301	电子技术1班
11	2016630139	张文礼	男	1998-06-07 00:00:00.000	群众	6301	6301	电子技术1班
12	NULL	NULL	NULL	NULL	NULL	NULL	6901	国际英语1班
13	2016780101	王伟	男	1997-01-05 00:00:00.000	团员	7801	7801	电子商务1班
14	2016780133	王语云	女	1999-05-06 00:00:00.000	团员	7801	7801	电子商务1班
15	2016850206	张玉霞	女	1998-02-06 00:00:00.000	群众	8502	8502	会计2班
16	2016850214	李芸山	女	1999-03-06 00:00:00.000	团员	8502	8502	会计2班

图 6.29   student 表和 class 表进行右外连接查询结果

3. 全外连接

全外连接使用 FULL JOIN 进行连接，将返回左表和右表中的所有行。当某一行在另一个表中没有匹配行时，另一个表的选择列将包含空值。如果表之间有匹配行，则整个结果集行包含基表的数值。

全外连接使用 FULL JOIN 进行连接，其基本语法格式如下：

```
SELECT fieldlist
FROM table1 FULL JOIN table2
ON table1.column= table2.column
```

【例 6.30】在成绩管理数据库 AMDB 中，将学生表 student 和班级表 class 进行全外连接查询。
SQL 语句如下：

```
SELECT  student.*,class.*
FROM  student  FULL JOIN class
ON student.class_no =class.class_no
```

执行结果如图 6.30 所示。

	stu_no	stu_name	stu_sex	birthday		polity	class_no	class_no	class_name
1	2016560102	林伟	男	1999-06-07	00:00:00.000	团员	5601	5601	网络技术1班
2	2016560106	罗金安	男	1999-12-05	00:00:00.000	党员	5601	5601	网络技术1班
3	2016560126	张玉良	男	1998-11-16	00:00:00.000	NULL	5601	5601	网络技术1班
4	2016560206	林诗音	女	1999-05-03	00:00:00.000	党员	5602	5602	网络技术2班
5	2016560208	张尧学	男	1999-04-06	00:00:00.000	团员	5602	5602	网络技术2班
6	2016560214	李晓旭	男	1998-11-07	00:00:00.000	团员	5602	5602	网络技术2班
7	2016630126	王文韦	男	1996-05-08	00:00:00.000	党员	6301	6301	电子技术1班
8	2016630139	张文礼	男	1998-06-07	00:00:00.000	群众	6301	6301	电子技术1班
9	2016780101	王伟	男	1997-01-05	00:00:00.000	团员	7801	7801	电子商务1班
10	2016780133	王语云	女	1999-05-06	00:00:00.000	团员	7801	7801	电子商务1班
11	2016850206	张玉霞	女	1998-02-06	00:00:00.000	群众	8502	8502	会计2班
12	2016850214	李芸山	女	1999-03-06	00:00:00.000	团员	8502	8502	会计2班
13	NULL	NULL	NULL	NULL		NULL	NULL	3601	国际商务1班
14	NULL	NULL	NULL	NULL		NULL	NULL	3801	绿色食品1班
15	NULL	NULL	NULL	NULL		NULL	NULL	4501	多媒体1班
16	NULL	NULL	NULL	NULL		NULL	NULL	6901	国际英语1班

图 6.30　student 表和 class 表进行全外连接查询结果

6.3.3　交叉连接

交叉连接使用 CROSS JOIN 进行连接，没有 WHERE 子句的交叉连接将产生连接所设计的表的笛卡儿积。第一个表的行数诚意第二个表的行数等于笛卡儿积结果集的大小。

交叉连接中列和行的数量如下计算：

交叉连接中的列=原表中列的熟练的总和（相加）

交叉连接中的行=原表中的行数的积（相乘）

交叉连接使用 CROSS JOIN 进行连接，其基本语法格式如下：

```
SELECT fieldlist
FROM table1
CROSS JOIN table2
```

【例 6.31】在成绩管理数据库 AMDB 中，将学生表 student 和班级表 class 进行交叉连接查询。
SQL 语句如下：

```
SELECT  student.*,class.*
FROM  student  CROSS JOIN class
ON student.class_no =class.class_no
```

执行结果如图 6.31 所示。

	stu_no	stu_name	stu_sex	birthday	polity	class_no	class_no	class_name
4	2016560206	林诗音	女	1999-05-03 00:00:00.000	党员	5602	6301	电子技术1班
5	2016560208	张尧学	男	1999-04-06 00:00:00.000	团员	5602	6301	电子技术1班
6	2016560214	李晓旭	男	1998-11-07 00:00:00.000	团员	5602	6301	电子技术1班
7	2016630126	王文韦	男	1996-05-08 00:00:00.000	党员	6301	6301	电子技术1班
8	2016630139	张文礼	男	1998-06-07 00:00:00.000	群众	6301	6301	电子技术1班
9	2016780101	王伟	男	1997-01-05 00:00:00.000	团员	7801	6301	电子技术1班
10	2016780133	王语云	女	1999-05-06 00:00:00.000	团员	7801	6301	电子技术1班
11	2016850206	张玉霞	女	1998-02-06 00:00:00.000	群众	8502	6301	电子技术1班
12	2016850214	李芸山	女	1999-03-06 00:00:00.000	团员	8502	6301	电子技术1班
13	2016560102	林伟	男	1999-06-07 00:00:00.000	团员	5601	7801	电子商务1班
14	2016560106	罗金安	男	1999-12-05 00:00:00.000	党员	5601	7801	电子商务1班
15	2016560126	张玉良	男	1998-11-16 00:00:00.000	NULL	5601	7801	电子商务1班

查询已成功执行。　　　　　　　WAK-20130913GXL (11.0 RTM) | sa (56) | AMDB | 00:00:00 | 108 行

图 6.31　student 表和 class 表进行交叉连接查询结果

小　结

本章主要介绍了表中数据的查询，包括 SELECT 语句的基本结构、SELECT 子句、WHERE 子句、FROM 子句、HAVING 子句、ORDER BY 子句、GROUP BY 子句、INTO 子句和 WITH 子句，子查询、使用 IN 的查询、使用比较运算符、使用 EXISTS 关键字以及使用 ANY、SOME 和 ALL 关键字，JOIN…ON 连接查询等。

习　题

一、选择题

1. 表中数据检索的 SELECT 语句最少包括 SELECT 子句和（　　　）子句。
   A．INTO 　　　　　B．FROM 　　　　　C．WHERE 　　　　　D．WITH

2. 检索表中前 3% 行数据的关键字是（　　　）。
   A．FIRST 3 　　　　B．TOP 3 　　　　　C．TOP 3% 　　　　　D．TOP 3 PERCENT

3. 可以去掉重复结果的关键字是（　　　）。
   A．WHERE 　　　　B．WITH 　　　　　C．DISTINCT 　　　　D．ORDER BY

4. 与 NOT IN 功能相同的操作符是（　　　）。
   A．=SOME 　　　　B．<>SOME 　　　　C．=ALL 　　　　　D．<>ALL

5. （　　　）子句是创建新表并将并将来自查询的结果行插入该表中。
   A．SELECT 　　　　B．FROM 　　　　　C．INTO 　　　　　D．WHERE

6. （　　　）子句是指定查询返回的行的搜索条件。
   A．INTO 　　　　　B．FROM 　　　　　C．WHERE 　　　　　D．WITH

7. （　　　）子句是对数据按照某或者多个字段进行分组。
   A．WHERE 　　　　B．WITH 　　　　　C．GROUP BY 　　　　D．ORDER BY

8. (　　) 连接从结果中删除其他被连接表中没有匹配的所有行。

　　A. INNER JOIN　　B. LEFT JOIN　　　　C. RIGHT JOIN　　　　D. CROSS JOIN

9. 在查询语句中改变列标题(既定义别名)的一种方法是在属性名的后面加上关键字(　　)。

　　A. WHERE　　　　B. GROUP　　　　　C. AS　　　　　　　D. BY

10. 书名 title 中包含"网络"两个字的查询语句，条件是 (　　)。

　　A. title IS '-网络-'　　　　　　　　B. title == '%网络%'

　　C. title LIKE '%网络%'　　　　　　D. title NOT LIKE '[a-z]网络%'

二、操作题

以下各操作题目都是在查询成绩管理数据库 AMDB 中的学生表 student、教师表 teacher、班级表 class 和成绩表 score 上进行的。

1. 检索学生表 student 中所有记录、前 5 条记录和前 10%条记录。

2. 检索学生表 student 中的女同学和政治面目为党员的男同学。

3. 检索学生表 student 中姓王的同学。

4. 检索学生表 student 中姓名以"云"结束的同学。

5. 检索学生表 student 中共有几个班级。

6. 检索学生表 student 中数据，以政治面目升序显示全部记录，在政治面目相同的情况下以出生日期的降序显示。

7. 统计学生表中党员、团员和群众各多少人。

8. 检索学生表中比所有女党员都大的男生记录。

9. 检索学生的学号、姓名、课程名称、课程学分和考试成绩。

10. 检索学生表 student 中没有参加考试的同学信息。

第 7 章 Transact-SQL 编程

Transact-SQL 语言是结构化查询语言的增强版本，与多种 ANSI SQL 标准兼容，而且在标准的基础上扩展了许多功能。Transact-SQL 代码是 SQL Server 的核心，使用 Transact-SQL 可以实现关系数据库中的数据查询、操作和插入等功能。

通过本章的学习，您将掌握以下知识及技能：

（1）了解 Transact-SQL 语句的概念。

（2）了解批处理和注释的概念。

（3）掌握 Transact-SQL 语言的全局变量与局部变量。

（4）掌握 Transact-SQL 语言的常用函数的格式及用法。

（5）掌握 Transact-SQL 语言的流程控制语句的种类及用法。

7.1 Transact-SQL 概述

结构化查询语言（Structured Query Language，SQL）主要用于存取数据以及查询、更新和管理等操作。SQL 包括许多不同的类型，有三个主要的标准：ANSI（美国国家标准机构）SQL、对 ANSI SQL 修改后在 1992 年采用的标准 SQL-92 和 SQL2。

Transact-SQL（Transact Structure Query Language，T-SQL）是标准的 SQL 的扩展，是标准的 SQL 程序化设计语言的增强版，具有 SQL 的主要特点，同时增加了变量、运算符、函数、流程控制语句和注释等语言元素，使其功能更加强大。Transact-SQL 对 SQL Server 十分重要，SQL Server 中使用图形界面能够完成的所有功能都可以利用 Transact-SQL 来实现。使用 Transact-SQL 操作时，与 SQL Server 通信的所有应用程序都通过向服务器发送 Transact-SQL 语句来进行，而与应用程序的界面无关，大大提高了效率。

Transact-SQL 根据其完成功能，可以分为数据定义语句、数据操作语句、数据控制语句和一些附加的语言元素。

（1）操作语句包括 SELECT、INSERT、DELETE、UPDATE。

（2）定义语句包括 CREATE TABLE、DROP TABLE、ALTER TABLE、CREATE VIEW、DROP VIEW、CREATE PROCEDURE、ALTER PROCEDURE、DROP PROCEDURE、CREATE INDEX、DROP INDEX、CREATE TRIGGER、ALTER TRIGGER、DROP TRIGGER。

（3）控制语句包括 GRANT、DENY、REVOKE。

（4）附加的语言元素包括 BEGIN TRANSACTION/COMMIT、ROLLBACK、SET TRANSACTION、DECLARE OPEN、FETCH、CLOSE、EXECUTE。

7.2　批处理和注释

7.2.1　批处理

批处理是同时从应用程序发送到 SQL Server 并得以执行的一组单条或多条 Transact-SQL 语句。SQL Server 将批处理的语句作为一个整体编译为一个可执行单元，称为执行计划，因此，批处理的语句是一起提交给服务器的，可以节省系统开销，批处理的结束符号是 GO。

批处理的语句如果在编译时出现编译错误（如语法错误）可使执行计划无法编译，不会执行批处理中的任何语句。批处理运行时出现错误将有以下影响：

（1）大多数运行时错误将停止执行批处理中当前语句和它之后的语句。

（2）某些运行时错误（如违反约束）仅停止执行当前语句，而继续执行批处理中其他所有语句。

（3）在遇到运行时错误的语句之前执行的语句不受影响。唯一例外的情况是批处理位于事务中并且错误导致事务回滚。在这种情况下，所有在运行时错误之前执行的未提交数据修改都将回滚。

例如，假定批处理中有 10 条语句。如果第 5 条语句有一个语法错误，则不执行批处理中的任何语句。如果批处理经过编译，并且第二条语句在运行时失败，则第一条语句的结果不会受到影响，因为已执行了该语句。

批处理在使用时有如下限制：

（1）CREATE DEFAULT、CREATE FUNCTION、CREATE PROCEDURE、CREATE RULE、CREATE SCHEMA、CREATE TRIGGER 和 CREATE VIEW 语句不能在批处理中与其他语句组合使用。批处理必须以 CREATE 语句开始。所有跟在该批处理后的其他语句将被解释为第一个 CREATE 语句定义的一部分。

（2）不能在同一个批处理中更改表，然后引用新列。

（3）如果 EXECUTE 语句是批处理中的第一句，则不需要 EXECUTE 关键字。如果 EXECUTE 语句不是批处理中的第一条语句，则需要 EXECUTE 关键字。

7.2.2　注释

注释是程序代码中不执行的文本字符串（也称备注）。注释可用于对代码进行说明或暂时禁用正在进行诊断的部分 Transact-SQL 语句。使用注释对代码进行说明，便于将来对程序代码进行维护。注释通常用于记录程序名、作者姓名和主要代码更改的日期，也可用于描述复杂的计算或解释编程方法。

SQL Server 支持两种类型的注释字符。

1．单行注释

单行注释以两个减号"--"开头，作用范围是从注释符号开始到行尾结束。

2．多行注释

多行注释符号是"/* ... */"。作用范围是以"/*"开始，到"*/"结束。

7.3　变　　量

数据在内存中存储始终不变化的量叫常量，也称文字值或标量值，是表示一个特定数据值的符号。数据在内存中存储可以变化的量叫变量，变量可以保存查询之后的结果，也可以在查询中使用变量。在 Transact-SQL 中变量的使用非常灵活，可以在任何 Transact-SQL 语句集合中使用，根据其作用范围，可以分为全局变量和局部变量。

7.3.1　全局变量

全局变量是 SQL Server 系统提供的预先定义好的变量，不需要用户定义，其作用范围并不仅仅局限于某一程序，而是任何程序均可以随时调用。全局变量通常存储一些 SQL Server 的配置设定值和统计数据。用户可以在程序中用全局变量来测试系统的设定值或者是 Transact-SQL 命令执行后的状态值等。全局变量以@@开头。

SQL Server 2012 中常用的全局变量有：

@@Connections：返回 SQL Server 自上次启动以来尝试的连接数，无论连接是成功还是失败。

@@Cpu_Busy：返回 SQL Server 自上次启动后的工作时间。其结果以 CPU 时间增量或"滴答数"表示，此值为所有 CPU 时间的累积，因此可能会超出实际占用的时间。乘以@@TIMETICKS 即可转换为微秒。

@@Idle：返回 SQL Server 自上次启动后的空闲时间。结果以 CPU 时间增量或"时钟周期"表示，并且是所有 CPU 的累积，因此该值可能超过实际经过的时间。乘以@@TIMETICKS 即可转换为微秒。

@@Io_Busy：返回自从 SQL Server 最近一次启动以来 SQL Server 已经用于执行输入和输出操作的时间。其结果是 CPU 时间增量（时钟周期），并且是所有 CPU 的累积值，所以它可能超过实际消逝的时间。乘以@@TIMETICKS 即可转换为微秒。

@@Pack_Received：返回 SQL Server 自上次启动后从网络读取的输入数据包数。

@@Pack_Sent：返回 SQL Server 自上次启动后写入网络的输出数据包个数。

@@Packet_Errors：返回自上次启动 SQL Server 后在 SQL Server 连接上发生的网络数据包错误数。

@@Timeticks：返回每个时钟周期的微秒数。

@@Total_Errors：返回自上次启动 SQL Server 之后 SQL Server 所遇到的磁盘写入错误数。

@@Total_Write：返回自上次启动 SQL Server 以来 SQL Server 所执行的磁盘写入数。

@@Total_Read：返回 SQL Server 自上次启动后由 SQL Server 读取（非缓存读取）的磁盘的数目。

@@Error：返回执行的上一条 Transact-SQL 语句的错误号。

@@Rowcount：返回受上一语句影响的行数。

@@Trancount：返回在当前连接上执行的 BEGIN TRANSACTION 语句的数目。

@@Procid：返回 Transact-SQL 当前模块的对象标识符（ID）。Transact-SQL 模块可以是存储过程、用户定义函数或触发器。不能在 CLR 模块或进程内数据访问接口中指定@@PROCID。

@@Cursor_Rows：返回连接上打开的上一个游标中的当前限定行的数目。为了提高性能，SQL Server 可异步填充大型键集和静态游标。可调用@@CURSOR_ROWS 以确定当其被调用时检索了游标符合条件的行数。

@@Fetch_Status：返回针对连接当前打开的任何游标发出的最后一条游标 FETCH 语句的状态。

@@Datefirst：针对会话返回 SET DATEFIRST 的当前值。SET DATEFIRST 指定一周中的第一天。美国英语中默认 7 对应星期日。

@@DBTS：为数据库返回当前 rowversion（timestamp）数据类型的值。rowversion 保证在数据

库中是唯一的。@@DBTS 返回一个 varbinary，它是当前数据库最后使用的 rowversion 值。插入或更新带有 rowversion 列的行时，将生成一个新的 rowversion 值。当事务回滚或当 INSERT 或 UPDATE 查询导致发生错误时，不会回滚@@DBTS 值。

@@Langid：返回当前使用的语言的本地语言标识符（ID）。

@@Language：返回当前使用的语言的名称。

@@Lock_Timeout：返回当前会话的当前锁定超时设置（毫秒）。

@@Max_Connections：返回 SQL Server 实例允许同时进行的最大用户连接数。返回的数值不一定是当前配置的数值。

@@Nestlevel：返回在本地服务器上执行的当前存储过程的嵌套级别（初始值为 0）。

@@Options：返回有关当前 SET 选项的信息。

@@Remserver：返回远程 SQL Server 数据库服务器在登录记录中显示的名称。使用@@REMSERVER，存储过程可以检查其运行所在的数据库服务器的名称。

@@Servername：返回运行 SQL Server 的本地服务器的名称。

@@Servicename：返回 SQL Server 正在其下运行的注册表项的名称。若当前实例为默认实例，则@@SERVICENAME 返回 MSSQLSERVER；若当前实例是命名实例，则该函数返回该实例名。

@@Spid：返回当前用户进程的会话 ID。

@@Textsize：返回 TEXTSIZE 选项的当前值。

@@Version：返回当前安装的日期、版本和服务器类型。

【例 7.1】利用全局变量查看当前服务器信息和到当前时间为止试图登录 SQL Server 的次数。SQL 语句如下：

```
SELECT @@VERSION AS '服务器版本',@@SERVERNAME AS '服务器名称' ,
    @@CONNECTIONS AS '企图登陆次数'
```

执行结果如图 7.1 所示。

图 7.1　利用全局变量查看 SQL Server 服务器信息

7.3.2　局部变量

局部变量是一个能够拥有特定数据类型的对象，它的作用范围被限制在程序内部。局部变量可在批处理和脚本中作为计数器计算循环执行的次数或者控制循环执行的次数，保存数据值以供流程控制语句测试，以及保存由存储过程代码返回的数据值或者函数返回的值。局部变量的使用是先声明，再赋值和使用。

局部变量是用户可自定义的变量，局部变量的名称必须以@开头。局部变量用 DECLRE 语句声明，用 SELECT 或 SET 语句赋值。

1. 声明局部变量

局部变量的声明是用 DECLARE 语句，其基本语法格式如下：

```
DECLARE
    {
```

```
                @local_variable [AS] data_type } | [ =value ] [,…n]
        }
```

主要参数说明：

@local_variable：变量的名称。变量名称必须以@开头。

data_type：任何系统提供的公共语言运行时用户定义表类型或别名数据类型。

value：以内联方式为变量赋值。

2．为局部变量赋值

局部变量的赋值是用 SELECT 语句或者 SET 语句。

SELECT 赋值语句的基本语法格式如下：

```
SELECT  @local_variable = expression
    [ FROM table_name[,…n]  WHERE condition]
```

SET 赋值语句的基本语法格式如下：

```
SET  @local_variable = expression
```

【例 7.2】利用局部变量计算算术表达式。

SQL 语句如下：

```
--定义局部变量
DECLARE @ExpResult real
--赋值局部变量
SET @ExpResult=4*6+5%3
--显示局部变量赋值结果
SELECT '表达式计算结果'= @ExpResult
```

执行结果如图 7.2 所示。

图 7.2　利用局部变量计算
算术表达式

【例 7.3】声明一个局部变量@stuname，并将成绩管理数据库 AMDB 数据库 student 表中学号为 "2016560208" 的学生姓名赋值给局部变量@stuname。

SQL 语句如下：

```
    --使用 AMDB 数据库
    USE AMDB
    GO
    --定义局部变量
    DECLARE @stuname varchar(10)
    --利用 SELECT 语句赋值局部变量
    SELECT @stuname=stu_name from student  where stu_no='2016560208'
    --显示局部变量赋值结果
    SELECT  @stuname
```

或者

```
    --使用 AMDB 数据库
    USE AMDB
    GO
    --定义局部变量
    DECLARE @stuname varchar(10)
    --利用 SET 语句赋值局部变量
    SET @stuname=(SELECT stu_name from student  where
    stu_no='2016560208')
    --显示局部变量赋值结果
    SELECT  @stuname
```

执行结果如图 7.3 所示。

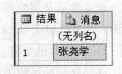

图 7.3　局部变量@stuname
赋值结果

7.4　函　　数

函数表示对输入参数值返回一个具有特定关系的值。SQL Server 提供了大量丰富的函数，在进行数据库管理以及数据查询和操作时会经常用到各种函数。函数分为两大类：系统函数和用户自定义函数。

7.4.1　系统函数

SQL Server 提供了可在查询中用于返回数据或对数据执行操作的内置函数，也称系统函数。SQL Server 提供的系统函数有聚合函数、配置函数、游标函数、日期和时间函数、数学函数、元数据函数、行集函数、安全函数、字符串函数、转换函数、系统统计函数以及文本和图像函数。下面介绍几种常用的系统函数。

1．聚合函数

聚合函数对一组值执行计算，并返回单个值。除了 COUNT 以外，聚合函数都会忽略空值。聚合函数经常与 SELECT 语句的 GROUP BY 子句一起使用。常用的聚合函数有 Avg 函数、Count 函数、Max 函数、Min 函数和 Sum 函数。

1）Avg 函数

Avg 函数返回组中各值的平均值。空值将被忽略。返回类型由 expression 的计算结果类型确定。其基本语法格式如下：

```
AVG ( [ ALL | DISTINCT ] expression )
```

主要参数说明：

ALL：对所有的值进行聚合函数运算。ALL 是默认值。

DISTINCT：指定 AVG 只在每个值的唯一实例上执行，而不管该值出现了多少次。

Expression：是精确数值或近似数值数据类别（bit 数据类型除外）的表达式。不允许使用聚合函数和子查询。

2）Count 函数

Count 函数返回组中的项数。其基本语法格式如下：

```
COUNT ( { [ [ ALL | DISTINCT ] expression ] | * } )
```

主要参数说明：

ALL：对所有的值进行聚合函数运算。 ALL 是默认值。

DISTINCT：指定 COUNT 返回唯一非空值的数量。

expression：除 text、image 或 ntext 以外任何类型的表达式。不允许使用聚合函数和子查询。

：指定应该计算所有行以返回表中行的总数。COUNT（）不需要任何参数，而且不能与 DISTINCT 一起使用。它对各行分别计数。包括包含空值的行。

3）Max 函数

Max 函数返回表达式中的最大值。其基本语法格式如下：

```
MAX ([ ALL ] expression )
```

主要参数说明：

ALL：对所有值应用聚合函数。默认值为 ALL。

expression：常量、列名或函数以及算术运算符、位运算符和字符串运算符的任意组合。MAX

可以用于数字、字符和 datetime 列，但不能用于 bit 列。不允许使用聚合函数和子查询。

4）Min 函数

Min 函数返回表达式中的最小值。其基本语法格式如下：

```
MIN ([ ALL ] expression )
```

主要参数说明：

ALL：对所有值应用聚合函数。默认值为 ALL。

expression：常量、列名或函数，以及算术运算符、位运算符和字符串运算符的任意组合。MIN 可以用于数值列、nchar 列、nvarchar 列或 datetime 列，但不能用于 bit 列。不允许使用聚合函数和子查询。

5）Sum 函数

Sum 函数返回表达式中所有值的和仅非重复值的和。SUM 函数只能用于数字列，将忽略 Null 值。其基本语法格式如下：

```
SUM ( [ ALL | DISTINCT ] expression )
```

主要参数说明：

ALL：对所有的值应用此聚合函数。ALL 是默认值。

DISTINCT：指定 SUM 返回唯一值的和。

expression：常量、列、函数，以及算术运算符、位运算符和字符串运算符的任意组合。expression 是精确数字或近似数字数据类型类别（bit 数据类型除外）的表达式。不允许使用聚合函数和子查询。

【例 7.4】利用聚合函数检索 score 表中成绩的最高分、最低分和平均分。

SQL 语句如下：

```
--使用 AMDB 数据库
USE AMDB
GO
--利用聚合函数检索成绩表 score 中成绩的最高分、最低分和平均分
SELECT MAX(score)  '成绩的最高分'
       ,MIN(score)  '成绩的最低分'
       ,AVG(score)  '成绩的平均分'
FROM SCORE
```

执行结果如图 7.4 所示。

	成绩的最高分	成绩的最低分	成绩的平均分
1	92	46	70.8461538461538

图 7.4　检索成绩表中成绩的最高分、最低分和平均分

2. 数学函数

数学函数主要用来处理数值数据，常用的数学函数有 Abs 函数、Ceiling 函数、Floor 函数、Pi 函数、Power 函数、Rand 函数、Round 函数、Square 函数、Sqrt 函数、Cos 函数、Cot 函数、Sin 函数和 Tan 函数。

1）Abs 函数

Abs 函数返回指定数值表达式的绝对值（正值）的数学函数。其基本语法格式如下：

```
ABS ( numeric_expression )
```

主要参数说明：

numeric_expression：是精确数字或近似数字数据类型类别的表达式。

2）Ceiling 函数

Ceiling 函数返回大于或等于指定数值表达式的最小整数。其基本语法格式如下：

```
CEILING ( numeric_expression )
```

主要参数说明：

numeric_expression：是精确数字或近似数字数据类型类别（bit 数据类型除外）的表达式。

3）Floor 函数

Floor 函数返回小于或等于指定数值表达式的最大整数。其基本语法格式如下：

```
FLOOR ( numeric_expression )
```

主要参数说明：

numeric_expression：精确数字或近似数字数据类型类别（bit 数据类型除外）的表达式。

4）Pi 函数

Pi 函数返回 PI 的常量值。其基本语法格式如下：

```
PI ( )
```

5）Power 函数

Power 函数返回指定表达式的指定幂的值。其基本语法格式如下：

```
POWER ( float_expression,y )
```

主要参数说明：

float_expression：是属于 float 类型或能够隐式转换为 float 类型的表达式。

y：对 float_expression 进行幂运算的幂值。

6）Rand()

Rand()返回一个介于 0～1（不包括 0 和 1）之间的伪随机 float 值。其基本语法格式如下：

```
RAND ( [ seed ] )
```

主要参数说明：

seed：提供种子值的整数表达式（tinyint、smallint 或 int）。如果未指定 seed，则 SQL Server 数据库引擎随机分配种子值。对于指定的种子值，返回的结果始终相同。

7）Round 函数

Round 函数返回一个数值，舍入到指定的长度或精度。其基本语法格式如下：

```
ROUND ( numeric_expression,length [,function ] )
```

主要参数说明：

numeric_expression：是精确数字或近似数字数据类型类别（bit 数据类型除外）的表达式。

length：numeric_expression 的舍入精度。

function：要执行的操作的类型。

8）Square 函数

Square 函数返回指定浮点值的平方值。其基本语法格式如下：

```
SQUARE ( float_expression )
```

主要参数说明：

float_expression：是 float 类型或能够隐式转换为 float 类型的表达式。

9）Sqrt 函数

Sqrt 函数返回指定浮点值的平方根。其基本语法格式如下：

```
SQRT ( float_expression )
```

主要参数说明：

float_expression：是 float 类型或能够隐式转换为 float 类型的表达式。

10）Cos 函数

Cos 函数返回指定表达式中以弧度表示的指定角的三角余弦值。其基本语法格式如下：

```
COS ( float_expression )
```

主要参数说明：

float_expression：float 类型的表达式。

11）Cot 函数

Cot 函数返回指定的 float 表达式中所指定角度（以弧度为单位）的三角余切值。其基本语法格式如下：

```
COT ( float_expression )
```

主要参数说明：

float_expression：属于 float 类型或能够隐式转换为 float 类型的表达式。

12）Sin 函数

Sin 函数是以近似数字（float）表达式返回指定角度（以弧度为单位）的三角正弦值。基本语法格式如下：

```
SIN ( float_expression )
```

主要参数说明：

float_expression：属于 float 类型或能够隐式转换为 float 类型的表达式。

13）Tan 函数

Tan 函数返回输入表达式的正切值。基本语法格式如下：

```
TAN ( float_expression )
```

主要参数说明：

float_expression：是 float 类型或可隐式转换为 float 类型的表达式，解释为弧度数。

【例 7.5】利用数学函数随机返回 0～99 之间的整数。

SQL 语句如下：

```
SELECT FLOOR (RAND ()*100) AS '0 到 99 之间的随机整数'
```

执行结果如图 7.5 所示。

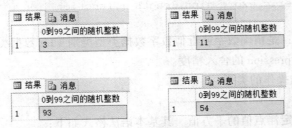

图 7.5　运行的随机结果

3．日期和时间函数

日期和时间函数主要用来处理日期和时间值，常用的日期和时间函数有 Getdate 函数、Day 函数、Month 函数、Year 函数、Datepart 函数和 Dateadd 函数。

1）Getdate 函数

Getdate 函数返回当前数据库系统时间戳，返回值的类型为 datetime，并且不含数据库时区偏移量。基本语法格式如下：

```
GETDATE ( )
```

2）Day 函数

Day 函数返回表示指定 date 的"天"的整数。基本语法格式如下：

```
DAY ( date )
```

主要参数说明：

date：是一个可以解析为 time、date、smalldatetime、datetime、datetime2 或 datetimeoffset 值的表达式。 date 参数可以是表达式、列表达式、用户定义变量或字符串文字。

3）Month 函数

Month 函数返回表示指定 date 的月份的整数。基本语法格式如下：

```
MONTH ( date )
```

主要参数说明：

date：日期表达式。

4）Year 函数

Year 函数返回表示指定 date 的年份的整数。基本语法格式如下：

```
YEAR ( date)
```

主要参数说明：

date：日期表达式。

5）Datepart 函数

Datepart 函数返回表示指定 date 的指定 datepart 的整数。基本语法格式如下：

```
DATEPART ( datepart,date )
```

主要参数说明：

datepart：是将为其返回 integer 的 date（日期或时间值）的一部分。

date：日期表达式。

6）Dateadd 函数

Dateadd 函数将表示日期或时间间隔的数值与日期中指定部分相加后，返回一个新的日期值。基本语法格式如下：

```
DATEADD (datepart,number,date )
```

主要参数说明：

datepart：是将为其返回 integer 的 date（日期或时间值）的一部分。

number：是一个表达式，可以解析为与 date 的 datepart 相加的整数。

date：日期表达式。

【例 7.6】利用日期函数求出今天的日期，并计算出距离现在 100 天前的日期。

SQL 语句如下：

```
SELECT GETDATE() '今天的日期', DATEADD(DAY,-100,GETDATE()) '100 天前的日期'
```

执行结果如图 7.6 所示。

	今天的日期	100天前的日期
1	2016-10-11 23:12:30.107	2016-07-03 23:12:30.107

图 7.6　利用日期函数计算日期

4．字符串函数

字符串函数用于对字符和二进制字符串进行各种操作，返回对于字符数据进行操作时所需要的值。常用的字符串函数有 Ascii 函数、Char 函数、Le 函数、Lower 函数、Upper 函数、Left 函数、Right 函数、Ltrim 函数、Rtrim 函数、Substring 函数和 Replace 函数。

1）Ascii 函数

Ascii 函数返回字符表达式中最左侧的字符的 ASCII 代码值。其基本语法格式如下：

```
ASCII ( character_expression )
```

主要参数说明：

character_expression：char 或 varchar 类型的表达式。

2）Char 函数

Char 函数将 int ASCII 代码转换为字符。其基本语法格式如下：

```
CHAR ( integer_expression )
```

主要参数说明：

integer_expression：0～255 之间的整数。 如果整数表达式不在此范围内，则返回 NULL。

3）Len 函数

Len 函数返回指定字符串表达式的字符数，其中不包含尾随空格。其基本语法格式如下：

```
LEN ( string_expression )
```

主要参数说明：

string_expression：要求值的字符串表达式。 string_expression 可以是常量、变量，也可以是字符列或二进制数据列。

4）Lower 函数

Lower 函数将大写字符数据转换为小写字符数据后返回字符表达式。其基本语法格式如下：

```
LOWER ( character_expression )
```

主要参数说明：

character_expression：字符或二进制数据的表达式。

5）Upper 函数

Upper 函数返回小写字符数据转换为大写的字符表达式。其基本语法格式如下：

```
UPPER ( character_expression )
```

主要参数说明：

character_expression：字符或二进制数据的表达式。

6）Left 函数

Left 函数返回字符串中从左边开始指定个数的字符。其基本语法格式如下：

```
LEFT ( character_expression,integer_expression )
```

主要参数说明：

character_expression：字符或二进制数据的表达式。

integer_expression：正整数，指定 character_expression 将返回的字符数。

7）Right 函数

Right 函数返回字符串中从右边开始指定个数的字符。其基本语法格式如下：

```
RIGHT ( character_expression,integer_expression )
```

主要参数说明：

character_expression：字符或二进制数据的表达式。

integer_expression：正整数，指定 character_expression 将返回的字符数。

8）Ltrim 函数

Ltrim 函数返回删除了前导空格之后的字符表达式。其基本语法格式如下：

```
LTRIM ( character_expression )
```
主要参数说明：

character_expression：字符或二进制数据的表达式。

9）Rtrim 函数

Rtrim 函数截断所有尾随空格后返回一个字符串。其基本语法格式如下：

```
RTRIM ( character_expression )
```
主要参数说明：

character_expression：字符数据表达式。

10）Substring 函数

Substring 函数返回 SQL Server 2012 中的字符、二进制、文本或图像表达式的一部分。其基本语法格式如下：

```
SUBSTRING ( expression,start,length )
```
主要参数说明：

expression：character、binary、text、ntext 或 image 表达式。

start：指定返回字符的起始位置的整数或 bigint 表达式。如果 start 小于 1，则返回的表达式的起始位置为 expression 中指定的第一个字符。在这种情况下，返回的字符数是 start 与 length 的和减去 1 所得的值与 0 这两者中的较大值。如果 start 大于值表达式中的字符数，将返回一个零长度的表达式。

length：是正整数或指定要返回的 expression 的字符数的 bigint 表达式。如果 length 是负数，会生成错误并终止语句。如果 start 与 length 的和大于 expression 中的字符数，则返回起始位置为 start 的整个值表达式。

11）Replace 函数

Replace 函数用另一个字符串值替换出现的所有指定字符串值。其基本语法格式如下：

```
REPLACE ( string_expression,string_pattern,string_replacement )
```
主要参数说明：

string_expression：要搜索的字符串表达式。string_expression 可以是字符或二进制数据类型。

string_pattern：要查找的子字符串。string_pattern 可以是字符或二进制数据类型。string_pattern 不能为空字符串("")，不能超过页容纳的最大字节数。

string_replacement：替换字符串。string_replacement 可以是字符或二进制数据类型。

【例 7.7】检索学生表中学生的班内学号（学号最后两位）、学号、姓（姓名第一位）、姓名、名字、性别、出生年份、出生月份和出生日期。

SQL 语句如下：

```
--使用 AMDB 数据库
USE AMDB
GO
--利用字符串函数和日期函数检索学生表中的信息
```

```
SELECT RIGHT(stu_no,2) AS '班内学号',
       stu_no AS '学号',
       LEFT(stu_name,1) AS '姓',
       stu_name AS '姓名',
       SUBSTRING (stu_name,2,LEN(stu_name)-1) AS '名字',
       stu_sex AS '性别',
       YEAR(birthday) AS '出生年份',
       MONTH(birthday) AS '出生月份',
       birthday AS 出生日期
FROM student
```

执行结果如图 7.7 所示。

	班内学号	学号	姓	姓名	名字	性别	出生年份	出生月份	出生日期
1	02	2016560102	林	林伟	伟	男	1999	6	1999-06-07 00:00:00.000
2	06	2016560106	罗	罗金安	金安	男	1999	12	1999-12-05 00:00:00.000
3	26	2016560126	张	张玉良	玉良	男	1998	11	1998-11-16 00:00:00.000
4	06	2016560206	林	林诗音	诗音	女	1999	5	1999-05-03 00:00:00.000
5	08	2016560208	张	张尧学	尧学	男	1999	4	1999-04-06 00:00:00.000
6	14	2016560214	李	李晓旭	晓旭	男	1998	11	1998-11-07 00:00:00.000
7	26	2016630126	王	王文韦	文韦	男	1996	5	1996-05-08 00:00:00.000
8	39	2016630139	张	张文礼	文礼	男	1998	6	1998-06-07 00:00:00.000
9	01	2016780101	王	王伟	伟	男	1997	1	1997-01-05 00:00:00.000
10	33	2016780133	王	王语云	语云	女	1999	5	1999-05-06 00:00:00.000
11	06	2016850206	张	张玉霞	玉霞	女	1998	2	1998-02-06 00:00:00.000
12	14	2016850214	李	李芸山	芸山	女	1999	3	1999-03-06 00:00:00.000

图 7.7　学生表中数据检索结果

5．元数据函数

元数据函数主要是返回与数据库相关的信息，常用的元数据函数有 Col_Length 函数、Col_Name 函数、Db_Name 函数和 Object_Id 函数。

1）Col_Length 函数

Col_Length 函数返回列的定义长度（以字节为单位）。基本语法格式如下：

```
COL_LENGTH ( 'table','column' )
```

主要参数说明：

table：要确定其列长度信息的表的名称。 。

column：要确定其长度的列的名称。

2）Col_Name 函数

Col_Name 函数根据指定的对应表标识号和列标识号返回列的名称。基本语法格式如下：

```
COL_NAME ( table_id,column_id )
```

主要参数说明：

table_id：包含列的表的标识号。

column_id：列的标识号。

3）Db_Name 函数

Db_Name 函数返回数据库名称。基本语法格式如下：

```
DB_NAME ( [ database_id ] )
```

主要参数说明：

database_id：要返回的数据库的标识号（ID）。

4）Object_Id 函数

Object_Id 函数返回架构范围内对象的数据库对象标识号。基本语法格式如下：

```
OBJECT_ID ( '[ database_name . [ schema_name ] . | schema_name . ]
   object_name' [ ,'object_type' ] )
```

主要参数说明：

object_name：要使用的对象。

object_type：架构范围的对象类型。

【例 7.8】利用元数据函数，求出 course 表中第 2 列的字段名称。

SQL 语句如下：

```
--使用 AMDB 数据库
USE AMDB
GO
--使用元数据函数求 course 第 2 列的名称
SELECT COL_NAME(OBJECT_ID('course'), 2)  AS 'course 表中第 2 列的名称'
```

执行结果如图 7.8 所示。

图 7.8　利用元数据函数求 course 表中第 2 列的字段名称

6．转换函数

转换函数主要用于将一种数据类型的表达式转换为另一种数据类型的表达式，常用的转换函数有 CAST 函数和 CONVERT 函数。这两种函数不但可以将指定的数据类型转换为另一种数据类型，还可以用来获得各种特殊的数据格式。CAST 函数和 CONVERT 函数都可以用于选择列表、WHERE 子句和允许使用表达式的任何地方。

1）CAST 函数

CAST 函数用于将某种数据类型的表达式显示转换为另一种数据类型。其基本语法格式如下：

```
CAST ( expression AS data_type [ ( length ) ] )
```

主要参数说明：

expression：任何有效的表达式。

data_type：目标数据类型，包括 xml、bigint 和 sql_variant。不能使用别名数据类型。

length：指定目标数据类型长度的可选整数。默认值为 30。

2）CONVERT 函数

CONVERT 函数与 CAST 函数的功能相似。该函数不是一个 ANSI 标准 SQL 函数，它可以按照特定的格式将数据转换为另一种数据类型。其基本语法格式如下：

```
CONVERT ( data_type [ ( length ) ] ,expression [ ,style ] )
```

主要参数说明：

data_type：目标数据类型，包括 xml、bigint 和 sql_variant。不能使用别名数据类型。

length：指定目标数据类型长度的可选整数。默认值为 30。

Expression：任何有效的表达式。

style：指定 CONVERT 函数如何转换 expression 的整数表达式。如果样式为 NULL，则返回

NULL。style 的日期样式如表 7.1 所示。

表 7.1　style 的日期样式

样　　式	说　　明	输入/输出
0/100	默认值	mon dd yyyy hh:miAM（或 PM）
1/101	美国	1 = mm/dd/yy；101= mm/dd/yyyy
2/102	ANSI	2= yy.mm.dd；102 = yyyy.mm.dd
3/103	英国/法国	3 = dd/mm/yy；103 = dd/mm/yyyy
4/104	德国	4 = dd.mm.yy；104 = dd.mm.yyyy
5/	意大利	5 = dd-mm-yy；105 = dd-mm-yyyy
6/106	-	6 = dd mon yy；106 = dd mon yyyy
7/107	-	7 = Mon dd, yy；107 = Mon dd, yyyy
8/108	-	hh:mi:ss
9/109	默认值+毫秒	mon dd yyyy hh:mi:ss:mmmAM（或 PM）
10/110	美国	10 = mm-dd-yy；110 = mm-dd-yyyy
11/111	日本	11 = yy/mm/dd；111 = yyyy/mm/dd
12/112	ISO	12 = yymmdd；112 = yyyymmdd
13 /113	欧洲默认格式+毫秒	dd mon yyyy hh:mi:ss:mmm(24h)
14/114	-	hh:mi:ss:mmm(24h)
20/120	ODBC 规范	yyyy-mm-dd hh:mi:ss(24h)
21/121	ODBC 规范（带毫秒）	yyyy-mm-dd hh:mi:ss.mmm(24h)
126	ISO8601	yyyy-mm-ddThh:mi:ss.mmm（无空格）
127	ISO8601（带时区）	yyyy-mm-ddThh:mi:ss.mmmZ（无空格）
130	回历	dd mon yyyy hh:mi:ss:mmmAM
131	回历	dd/mm/yyyy hh:mi:ss:mmmAM

【例 7.9】利用转换函数将日期型数据转换为字符型数据。

SQL 语句如下：

```
SELECT '今天的是'+ CAST(GETDATE() AS varchar(20) )
```

或者

```
SELECT '今天的是'+
CONVERT(varchar(20),GETDATE())
```

执行结果如图 7.9 所示。

消息
今天的是10 11 2016 11:46PM

图 7.9　转换日期型数据为字符型数据

【例 7.10】检索学生表 student 中 1999 年出生的学生信息。

SQL 语句如下：

```
--使用 AMDB 数据库
USE  AMDB
GO
--检索学生表中 1999 年出生的同学信息
SELECT * FROM student
WHERE CONVERT(varchar(20),birthday,102) like '1999%'
```

执行结果如图 7.10 所示。

结果 消息

	stu_no	stu_name	stu_sex	birthday	polity	class_no
1	2016560102	林伟	男	1999-06-07 00:00:00.000	团员	5601
2	2016560106	罗金安	男	1999-12-05 00:00:00.000	党员	5601
3	2016560206	林诗音	女	1999-05-03 00:00:00.000	党员	5602
4	2016560208	张尧学	男	1999-04-06 00:00:00.000	团员	5602
5	2016780133	王语云	女	1999-05-06 00:00:00.000	团员	7801
6	2016850214	李芸山	女	1999-03-06 00:00:00.000	团员	8502

图 7.10　检索 student 表中 1999 年出生的学生信息

7.4.2 用户自定义函数

用户自定义函数可以像系统函数一样字查询或存储过程中调用，也可以像存储过程一样使用 EXECUTE 命令来执行。SQL Server 2012 支持用户定义标量函数和表值函数。

1. 用户定义标量函数

用户定义标量函数返回在 RETURNS 子句中定义的类型的单个数据值。对于内联标量函数，没有函数体，标量值是单个语句的结果。对于多语句标量函数，定义在 BEGIN...END 块中的函数体包含一系列返回单个值的 Transact-SQL 语句。返回类型可以是除 text、ntext、image、cursor 和 timestamp 外的任何数据类型。

其基本语法格式如下：

```
CREATE FUNCTION [ schema_name. ] function_name
( [ { @parameter_name [ AS ][ type_schema_name. ] parameter_data_type
    [ = default ] [ READONLY ] }
    [ ,...n ]
  ]
)
RETURNS return_data_type
    [ WITH <function_option> [ ,...n ] ]
    [ AS ]
    BEGIN
        function_body
        RETURN scalar_expression
    END
```

主要参数说明：

function_name：用户定义函数的名称。

@parameter_name：用户定义函数中的参数。可声明一个或多个参数。一个函数最多可以有 2100 个参数。

[type_schema_name.] parameter_data_type：参数的数据类型及其所属的架构。

default ：参数的默认值。

READONLY：指示不能在函数定义中更新或修改参数。如果参数类型为用户定义的表类型，则应指定 READONLY。

return_data_type：标量用户定义函数的返回值。

function_body：指定一系列定义函数值的 Transact-SQL 语句

scalar_expression：指定标量函数返回的标量值。

【例 7.11】编写一个用户定义标量函数 fun_AvgScores，要求根据输入的课程名称求出该门课程考试的平均分。并利用用户定义标量函数 fun_AvgScores 求出"互联网营销"课程的考试平均分。

SQL 语句如下：

```
--使用 AMDB 数据库
USE AMDB
GO
--创建用户定义标量函数 fun_AvgScores
CREATE FUNCTION fun_AvgScores
( @CourseName AS varchar(30) )
RETURNS real
BEGIN
    DECLARE @AvgResult AS real
    SELECT @AvgResult=Avg(SCORE)  FROM score
    WHERE  course_no=(SELECT  course_no FROM  course  WHERE  course_name
=@CourseName )
  RETURN @AvgResult
END

--利用用户定义标量函数 fun_AvgScores 求出互联网营销课程考试的平均分

SELECT DBO.fun_AvgScores('互联网营销')
```

执行结果如图 7.11 所示。

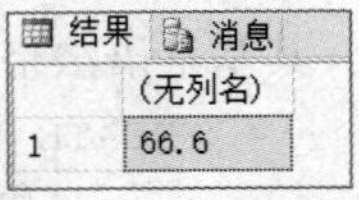

	结果	消息
	(无列名)
1	66.6

图 7.11 互联网营销课程的考试平均分

2．用户定义表值函数

用户定义的表值函数又称内联表值函数和多语句表值函数，返回 table 数据类型。对于内联表值函数，没有函数主体，表是单个 SELECT 语句的结果集。对于多语句表值函数，在 BEGIN…END 块中定义的函数体内包含一系列 Transact-SQL 语句。

其基本语法格式如下：

```
CREATE FUNCTION [ schema_name. ] function_name
( [ { @parameter_name [ AS ] [ type_schema_name. ] parameter_data_type
  [ = default ] [ READONLY ] }
  [ ,…n ]
  ]
)
RETURNS TABLE
  [ WITH <function_option> [ ,…n ] ]
  [ AS ]
  RETURN [ ( ) select_stmt [ ] ]
  [ ; ]
```

主要参数说明：

TABLE：指定表值函数的返回值为表。只有常量和@local_variables 可以传递到表值函数。在内联表值函数中，TABLE 返回值是通过单个 SELECT 语句定义的。内联函数没有关联的返回变量。在多语句表值函数中，@return_variable 是 TABLE 变量，用于存储和汇总应作为函数值返回的行。可以将@return_variable 指定仅用于 Transact-SQL 函数，而不用于 CLR 函数。

【例 7.12】编写一个用户定义表值函数 fun_stable，要求根据输入的政治面貌，返回学生学号、姓名、性别和政治面貌的信息，并利用用户定义表值函数 fun_stable 求出"团员"的学生信息。

SQL 语句如下：

```
--使用 AMDB 数据库
USE AMDB
GO
--创建用户定义表值函数 fun_stable
CREATE FUNCTION fun_stable
( @polity AS varchar(4) )
RETURNS TABLE
AS
RETURN
(
  SELECT stu_no,stu_name,stu_sex,polity
  FROM student
  WHERE polity=@polity
)

--利用用户定义表值函数 fun_stable 求出"团员"的学生信息

SELECT * FROM dbo.fun_stable('团员')
```

执行结果如图 7.12 所示。

	stu_no	stu_name	stu_sex	polity
1	2016560102	林伟	男	团员
2	2016560208	张尧学	男	团员
3	2016560214	李晓旭	男	团员
4	2016780101	王伟	男	团员
5	2016780133	王语云	女	团员
6	2016850214	李芸山	女	团员

图 7.12　政治面貌是团员的学生信息

7.5　流程控制语句

7.5.1　BEGIN…END 语句

BEGIN…END 语句用于将多个 Transact-SQL 语句组合为一个逻辑块。在控制流语句必须执行包含两条或两条以上 Transact-SQL 语句的语句块的任何地方，都可以使用 BEGIN…END 语句。例如，对于 IF…ELSE 语句，如果不是有语句块，就只能包含一条语句，但是实际执行的情况可能需要复杂的处理过程，此时就需要采用 BEGIN…END 将多条语句生成语句块。BEGIN…END 语句允许语句块。

其基本语法格式如下：

```
BEGIN
    {
        sql_statement | statement_block
    }
END
```

主要参数说明：

sql_statement| statement_block：使用语句块定义的任何有效的 Transact-SQL 语句或语句组。

7.5.2 IF…ELSE 语句

IF…ELSE 语句用于在指定一组代码之前进行条件筛选，根据判断的结果执行不同的代码，IF 语句有两种情况。

（1）只有 IF，这时如果 IF 语句取值为 IF 语句取值为 TRUE 时，执行 IF 语句后的语句或语句块。IF 语句取值为 FALSE 时，跳过 IF 语句后的语句或语句块。

（2）指定 IF 并有 ELSE，这时 IF 语句取值为 TRUE 时，执行 IF 语句后的语句或语句块。然后控制跳到 ELSE 语句后的语句或语句块之后的点。IF 语句取值为 FALSE 时，跳过 IF 语句后的语句或语句块，而执行可选的 ELSE 语句后的语句或语句块。

其基本语法格式如下：

```
IF Boolean_expression
    { sql_statement | statement_block }
[ ELSE
    { sql_statement | statement_block } ]
```

主要参数说明：

Boolean_expression：返回 TRUE 或 FALSE 的表达式。如果布尔表达式中含有 SELECT 语句，则必须用括号将 SELECT 语句括起来。

sql_statement| statement_block：任何 Transact-SQL 语句或用语句块定义的语句分组。除非使用语句块（BEGIN…END），否则 IF 或 ELSE 条件只能影响一个 Transact-SQL 语句的性能。

说明：

（1）IF…ELSE 可用于批处理、存储过程。

（2）可以在其他 IF 之后或在 ELSE 下面嵌套另一个 IF 测试。嵌套级数的限制取决于可用内存。

【例 7.13】利用 IF…ELSE 语句查询成绩 score 表中是否有"计算机应用基础"课程的成绩，如果有，则计算该门课程的最高分和最低分，如果没有，则显示"没有计算机应用基础课程成绩"。

SQL 语句如下：

```
--使用 AMDB 数据库
USE AMDB
GO
/* 查询成绩 score 表中是否有"计算机应用基础"课程的成绩，如果有，则计算该门课程的最高
分和最低分，如果没有，则显示"没有计算机应用基础课程成绩"。*/
IF EXISTS(SELECT course_no from course
    where course_no=(select course_no from course where course_name ='
计算机应用基础'))
    SELECT MAX(score)AS '最高成绩',MIN(score) AS '最低成绩' FROM score
    where course_no=(select course_no from course where course_name ='
计算机应用基础')
ELSE
    SELECT '没有计算机应用基础课程成绩'
```

执行结果如图 7.13 所示。

【例 7.14】利用嵌套 IF…ELSE 语句比较三个变量的大小，返回最大的变量值。

SQL 语句如下：

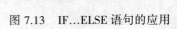

	最高成绩	最低成绩
1	72	53

图 7.13　IF…ELSE 语句的应用

```
--声明三个变量@a,@b,@c,并分别赋值
DECLARE @a int ,@b int,@c int
SELECT  @a=45,@b=68,@c=3
--比较三个变量，求出最大的变量值
IF @a>@b
    IF @a>@c
      BEGIN
        PRINT '最大的数是'
        PRINT @a
      END
    ELSE
      BEGIN
        PRINT '最大的数是'
        PRINT @C
      END
ELSE IF @b>@c
      BEGIN
        PRINT '最大的数是'
        PRINT @b
      END
    ELSE
      BEGIN
        PRINT '最大的数是'
        PRINT @c
      END
```

执行结果如图 7.14 所示。

图 7.14　嵌套 IF…ELSE 语句的应用

7.5.3　CASE 语句

CASE 语句是多条件分支语句，相比 IF…ELSE 语句，CASE 语句进行分支流程控制可以使代码更加清晰，易于理解。

CASE 语句有两种格式。简单 CASE 语句，它通过将表达式与一组简单的表达式进行比较来确定结果。搜索 CASE 语句，它通过计算一组布尔表达式来确定结果。

1. 简单 CASE 语句

```
CASE input_expression
    WHEN when_expression THEN result_expression [ …n ]
    [ ELSE else_result_expression ]
END
```

2. 搜索 CASE 语句

```
CASE
    WHEN Boolean_expression THEN result_expression [ …n ]
    [ ELSE else_result_expression ]
END
```

主要参数说明：

input_expression：使用简单 CASE 格式时所计算的表达式。

when_expression：使用简单 CASE 格式时要与 input_expression 进行比较的简单表达式。

result_expression ： 当 input_expression = when_expression 时计算结果为 TRUE ， 或者 Boolean_expression 计算结果为 TRUE 时返回的表达式。

else_result_expression：比较运算计算结果不为 TRUE 时返回的表达式。

Boolean_expression：使用 CASE 搜索格式时所计算的布尔表达式。

【例 7.15】查询学生 student 表和成绩 score 表中学生的学号、姓名、课程名称和成绩。

SQL 语句如下：

```
USE AMDB
GO
--利用简单CASE语句检索学号,姓名,课程名称和成绩
SELECT student.stu_no  AS '学号',
            stu_name AS '姓名',
        '课程名称'=CASE course_no
                    WHEN '31307' THEN  '信息可视化设计'
                    WHEN '70787' THEN  '互联网营销'
                    WHEN '88694' THEN  '计算机应用基础'
                    WHEN '60567' THEN  '会计电算化'
                END,
        SCORE AS 考试分数
FROM student,score
WHERE student.stu_no =score.stu_no
```

执行结果如图 7.15 所示。

	学号	姓名	课程名称	考试分数
1	2016560106	罗金安	信息可视化设计	81
2	2016560106	罗金安	互联网营销	69
3	2016560208	张尧学	信息可视化设计	88
4	2016560208	张尧学	互联网营销	76
5	2016560214	李晓旭	信息可视化设计	92
6	2016560214	李晓旭	互联网营销	46
7	2016630126	王文韦	互联网营销	73
8	2016630139	张文礼	互联网营销	69
9	2016780133	王语云	计算机应用基础	58
10	2016850206	张玉霞	会计电算化	58
11	2016850206	张玉霞	计算机应用基础	72
12	2016850214	李芸山	会计电算化	86
13	2016850214	李芸山	计算机应用基础	53

图 7.15　简单 CASE 语句的应用

【例 7.16】查询学生 student 表和成绩 score 表中学生的学号、姓名、课程名称和成绩，并根据成绩给出对应的等级。

SQL 语句如下：

```
--使用 AMDB 数据库
USE AMDB
GO
--利用简单CASE语句检索学号,姓名,课程名称和成绩
SELECT student.stu_no AS '学号',
      stu_name AS '姓名',
      '课程名称'=CASE course_no
                    WHEN '31307' THEN  '信息可视化设计'
                    WHEN '70787' THEN  '互联网营销'
                    WHEN '88694' THEN  '计算机应用基础'
                    WHEN '60567' THEN  '会计电算化'
                END,
```

```
        SCORE AS 考试分数,
    '分数等级'=CASE
                WHEN score>=90 THEN '优秀'
                WHEN score>=75 THEN '良好'
                WHEN score>=60 THEN '及格'
                ELSE  '不及格'
            END
    FROM student,score
    WHERE student.stu_no =score.stu_no
```

执行结果如图 7.16 所示。

	学号	姓名	课程名称	考试分数	分数等级
1	2016560106	罗金安	信息可视化设计	81	良好
2	2016560106	罗金安	互联网营销	69	及格
3	2016560208	张尧学	信息可视化设计	88	良好
4	2016560208	张尧学	互联网营销	76	良好
5	2016560214	李晓旭	信息可视化设计	92	优秀
6	2016560214	李晓旭	互联网营销	46	不及格
7	2016630126	王文韦	互联网营销	73	及格
8	2016630139	张文礼	互联网营销	69	及格
9	2016780133	王语云	计算机应用基础	58	不及格
10	2016850206	张玉霞	会计电算化	58	不及格
11	2016850206	张玉霞	计算机应用基础	72	及格
12	2016850214	李芸山	会计电算化	86	良好
13	2016850214	李芸山	计算机应用基础	53	不及格

图 7.16　搜索 CASE 语句的应用

7.5.4　WHILE 语句

WHILE 语句是根据条件设置重复执行 SQL 语句或语句块。只要指定的条件为真，就重复执行语句。可以使用 BREAK 和 CONTINUE 关键字在循环内部控制 WHILE 循环中语句的执行。

其基本语法格式如下：

```
WHILE Boolean_expression
    { sql_statement | statement_block | BREAK | CONTINUE }
```

主要参数说明：

Boolean_expression：返回 TRUE 或 FALSE 的表达式。

sql_statement | statement_block：Transact-SQL 语句或用语句块定义的语句分组。

BREAK：导致从最内层的 WHILE 循环中退出。

CONTINUE：使 WHILE 循环重新开始执行，忽略 CONTINUE 关键字后面的任何语句。

【例 7.17】使用 WHILE 语句计算 6 的阶乘。

SQL 语句如下：

```
DECLARE @Result integer,@i  integer
SELECT @Result=1,@i=6
WHILE @i>0
    BEGIN
        SET @Result=@Result*@i
        SET @i=@i-1
        IF @i>1
```

```
            CONTINUE
        ELSE
        BEGIN
            PRINT '6 的阶乘为: '
            PRINT @Result
            BREAK
        END
    END
END
```

执行结果如图 7.17 所示。

消息
6的阶乘为：
720

图 7.17　WHILE 语句的应用

小　结

本章主要介绍了 Transact-SQL 编程，包括批处理和注释，局部变量和全部变量，聚合函数、配置函数、游标函数、日期和时间函数、数学函数、元数据函数、行集函数、安全函数、字符串函数、转换函数和用户自定义函数，BEGIN...END 语句、IF...ELSE 语句、CASE 语句和 WHILE 语句等。

习　题

一、选择题

1. 以下（　　　）不是数据操作语句。
   A. SELECT　　　　B. DROP　　　　　C. INSERT　　　　D. UPDATE

2. 注释多行语句的注释符号是（　　　）。
   A. --　　　　　　B. ~~　　　　　　C. /* */　　　　　D. * *\

3. 批处理命令的结束符号是（　　　）。
   A. DO　　　　　　B. DOWN　　　　　C. GO　　　　　　D. EXEC

4. 在 SQL Server 中全局变量以（　　　）开头。
   A. *　　　　　　　B. #　　　　　　　C. @　　　　　　D. @@

5. 局部变量的声明语句是（　　　）。
   A. SELECT　　　　B. SET　　　　　　C. DECLARE　　　D. CREATE

6. 创建用户自定义函数的语句是（　　　）。
   A. CREATE TALBE　　　　　　　　　B. CREATE DATABASE
   C. CREATE FUNCTION　　　　　　　D. CREATE RULE

7. （　　　）返回 SQL Server 自上次启动以来尝试的连接数，无论连接是成功还是失败。
   A. @@Connections　　　　　　　　B. @@Idle
   C. @@Timeticks　　　　　　　　　D. @@Error

8. 用以求得当前日期的系统函数是（　　　）。
   A. avg　　　　　　B. date　　　　　C. getdate　　　　D. datepart

二、操作题

1. 编写局部变量，实现将成绩管理数据库 AMDB 中成绩表 score 中成绩的最大值和最小值分别存入两个局部变量，并通过局部变量显示出来。

2. 显示服务器端计算机的名称。

3. 显示用户的数据库用户名。

4. 显示字符'A'的 ASCII 码。

5. 显示 ASCII 码为 68 的字符。

6. 按 dd/mm/yy 格式显示 t_student 表中的出生日期。

7. 按 hh:mi:ss 的格式显示当前时间。

8. 显示今天距 1949 年 10 月 1 日相隔的天数。

9. 编写一个用户自定义函数 fun_sumscores，要求根据输入的班级号和课程号，求此班此门课程的总分。

10. 根据成绩表 score 中的考试成绩，查询 5602 班学生课程号为 70787 的课程的平均成绩，若平均成绩大于 75，则显示"成绩较理想"，否则显示"成绩不理想"。

第8章 视图的创建和管理

视图是一种常用的数据库对象，它将查询的结果以虚拟表的形式存储在数据库。视图并不在数据库中以存储的数据集的形式存在。视图的结构和内容是建立在对表的查询基础之上的，和表一样包括行和列，这些行列数据都源自其所应用的基础表。

通过本章的学习，您将掌握以下知识及技能：

（1）了解视图的概念、分类及优点。

（2）熟练掌握使用 SSMS 创建、管理和使用视图。

（3）熟练掌握利用 Transact-SQL 语句创建、管理和使用视图。

8.1 视图概述

8.1.1 视图的概念

视图是一个虚拟表，是从数据库中的一个或多个表中导出来的虚拟表，其内容由查询定义。

同表一样，视图包含一系列带有名称的列和行数据。视图在数据库中并不是以数据值存储集形式存在，除非是索引视图。视图可以是一个数据表的一部分，也可以是多个数据表的联合，其行和列数据来自由定义视图的查询所引用的基础表。

视图被定义后便存储在数据库中，通过视图看到的数据只是存放在基础表中的数据。当对通过视图看到的数据进行修改时，相应的基础表的数据也会发生变化。如果基础表的数据发生变化，这种变化也会自动地反映到视图中。

8.1.2 视图的分类

SQL Server 2012 中的视图可以分为 4 种，分别是标准视图、索引视图、分区视图和系统视图，这些视图在数据库中起着特殊的作用。

1．标准视图

标准视图是保存在数据库中的组合了一个或多个表中的数据，可以获得使用视图的大多数好处，包括将重点放在特定数据及简化操作上。

2．索引视图

创建有索引的视图称为索引视图。索引视图是被具体化了的视图，它是对视图定义进行了计算，并且生成的数据像表一样存储。索引视图可以显著提高某些类型查询的性能，索引视图尤其适于聚合许多行的查询，但它们不太适于经常更新的基本数据集。

3．分区视图

分区视图是在一台或多台服务器间水平连接一组成员表中的分区数据。这样，数据看上去如同来自于一个表。连接同一个 SQL Server 实例中的成员表的视图是一个本地分区视图。

4．系统视图

系统视图公开目录元数据。使用系统视图返回与 SQL Server 实例或在该实例中定义的对象有关的信息。例如，查询 sys.databases 目录视图以便返回与实例中提供的用户定义数据库有关的信息。

8.1.3　视图的优点

1．简单化

视图可以集中、简化和自定义每个用户对数据库的认识，也可以简化操作。看到的就是需要的数据，那些经常使用的查询被定义为视图，从而使得用户不必要为以后的操作每次都指定全部的条件。

2．安全性

允许用户通过视图访问数据，而不授予用户直接访问底层基表的权限，而数据库中的其他数据则既看不到也无法修改。数据库授权命令可以使每个用户对数据库的检索限制到特定的数据库对象上，但不能授权到数据库特定行和特定列上。通过视图，用户可以被限制在特定列上，限制在数据的不同子集上。

3．逻辑数据独立性

视图可帮助用户屏蔽真实表结构变化带来的影响。

8.2　使用 SSMS 创建和管理视图

8.2.1　使用 SSMS 创建视图

【例 8.1】在成绩管理数据库 AMDB 中，创建视图 View_course，由课程 course 表中学分为 4 的记录组成。

具体操作步骤如下：

（1）在"对象资源管理器"中，依次展开"服务器实例"→"数据库"→"AMDB"→"视图"。

（2）右击"视图"结点，在弹出的快捷菜单中选择"新建视图"命令，如图 8.1 所示。

（3）在"添加表"对话框中，从以下选项卡之一选择要在新视图中包含的元素："表""视图""函数"和"同义词"，这里选择"course"表，单击"添加"完成数据源的选取，如图 8.2 所示。

（4）在"视图设计器"中进行视图的设置。首先在"关系图窗格"中选择要在新视图中包含的列 course_no、course_name、credit 和 hours，并分别设置别名；然后在 credit 列的"条件窗格"中设置"=4"的筛选条件，实现筛选学分为 4 的记录的限制，如图 8.3 所示。

（5）单击"保存"按钮，在打开的"选择名称"对话框中输入视图的名字"View_course"，单击"确定"按钮完成视图的创建，如图 8.4 所示。

图 8.1 选择"新建视图"命令

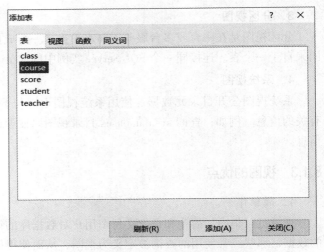

图 8.2 "添加表"对话框

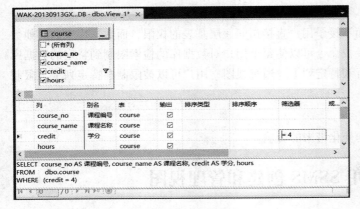

图 8.3 视图设计器

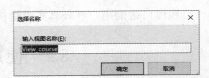

图 8.4 "选择名称"对话框

【例 8.2】在成绩管理数据库 AMDB 中,创建视图 View_stuscore,该视图包括男生党员的学号、姓名、课程名称、考试成绩组成。

具体操作步骤如下:

（1）在"对象资源管理器"中,依次展开"服务器实例"→"数据库"→"AMDB"→"视图"。右击"视图"结点,在弹出的快捷菜单中选择"新建视图"命令。

（2）在"添加表"对话框中,选择"student"表、"course"表和"score"表。

（3）在"视图设计器"中进行视图的设置。首先在"关系图窗格"中,选择要在新视图中包含的列 stu_no、stu_name、course_name 和 score,并分别设置别名;选择 stu_sex 和 polity 列,并取消输出,在 stu_sex 列和和 polity 列的"条件窗格"中分别设置"='男'"和"='党员'"的筛选条件,如图 8.5 所示。

（4）单击"保存"按钮,在打开的"选择名称"对话框中输入视图的名字"View_stuscore",单击"确定"按钮完成视图的创建。

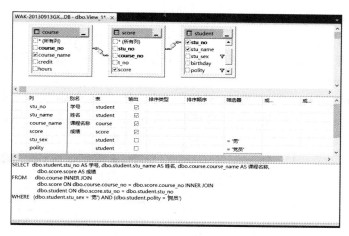

图 8.5 View_stuscore 视图的"视图设计器"设置

8.2.2 使用 SSMS 查看视图信息

【例 8.3】在成绩管理数据库 AMDB 中，查看视图 View_stuscore 的定义信息和视图中的数据。
具体操作步骤如下：

（1）在"对象资源管理器"中，依次展开"服务器实例"→"数据库"→"AMDB"→"视图"→"View_stuscore"。

（2）右击"View_stuscore"，在弹出的快捷菜单中选择"属性"命令，在打开的"视图属性"窗口中可以查看视图的定义信息，如图 8.6 所示。

（3）右击"View_stuscore"，在弹出的快捷菜单中选择"编辑前 200 行"命令，即可查看视图中的数据信息，如图 8.7 所示。

图 8.6 "视图属性"窗口

图 8.7 "View_stuscore"视图中的数据

8.2.3 使用 SSMS 修改视图

【例 8.4】在成绩管理数据库 AMDB 中，修改视图 View_stuscore，首先增加 course_no 字段，然后更改筛选条件为男生党员或者男生团员。

具体操作步骤如下：

（1）在"对象资源管理器"中，依次展开"服务器实例"→"数据库"→"AMDB"→"视图"→"View_stuscore"。

（2）右击"View_stuscore"，在弹出的快捷菜单中选择"设计"命令，如图 8.8 所示。

（3）在"视图设计器"中进行视图的修改。首先在"关系图窗格"中，选择要增加的列 course_no，并分别设置别名；并在"条件窗格"中增加男生团员的筛选条件，如图 8.9 所示。

图 8.8　选择"设计"命令

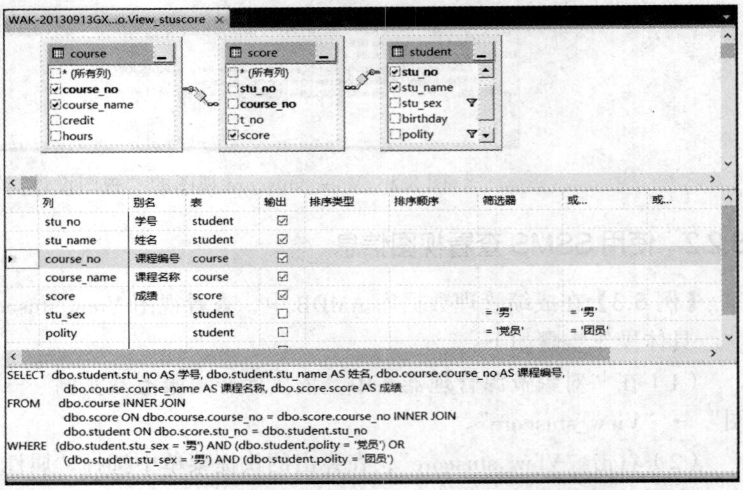

图 8.9　修改 View_stuscore 视图

8.2.4　使用 SSMS 重命名视图

【例 8.5】在成绩管理数据库 AMDB 中，将视图 View_stuscore 重命名为 View_stuscoreNew。

具体操作步骤如下：

（1）在"对象资源管理器"中，依次展开"服务器实例"→"数据库"→"AMDB"→"视图"→"View_stuscore"。

（2）右击"View_stuscore"，在弹出的快捷菜单中选择"重命名"命令，如图 8.10 所示，输入新的视图名称"View_stuscoreNew"即可。

8.2.5　使用 SSMS 删除视图

在创建视图后，如果不再需要该视图，或想清除视图定义及与之相关联的权限，可以删除该视图。删除视图后，表和视图所基于的数据并不受到影响。

【例 8.6】在成绩管理数据库 AMDB 中，删除视图 View_stuscoreNew。

具体操作步骤如下：

（1）在"对象资源管理器"中，依次展开"服务器实例"→"数

图 8.10　选择"重命名"命令

据库"→"AMDB"→"视图"→"View_stuscoreNew"。

（2）右击"View_stuscoreNew"，在弹出的快捷菜单中选择"删除"命令，在打开的"删除对象"窗口中，单击"确定"按钮，即可完成视图的删除，如图 8.11 所示。

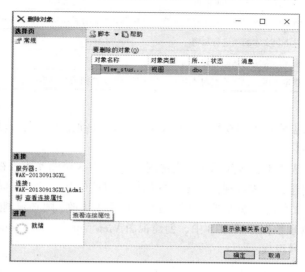

图 8.11　"删除对象"窗口

8.3　使用 Transact-SQL 创建和管理视图

8.3.1　使用 Transact-SQL 创建视图

创建视图的 Transact-SQL 语句是 CREATE VIEW 语句，其基本语法如下：

```
CREATE VIEW [ schema_name . ] view_name [ (column [ ,…n ] ) ]
[ WITH <view_attribute> [ ,…n ] ]
AS select_statement
[ WITH CHECK OPTION ] [ ; ]

<view_attribute> ::=
{
    [ ENCRYPTION ][ SCHEMABINDING ][ VIEW_METADATA ]
}
```

CREATE VIEW 语句的参数及说明如表 8.1 所示。

表 8.1　CREATE VIEW 语句的参数及说明

参　　数	说　　明
schema_name	视图所属架构的名称
view_name	视图的名称。视图名称必须符合有关标识符的规则
column	视图中的列使用的名称。仅在下列情况下需要列名：列是从算术表达式、函数或常量派生的；两个或更多的列可能会具有相同的名称；视图中的某个列的指定名称不同于其派生来源列的名称。
AS	指定视图要执行的操作

参　数	说　明
select_statement	定义视图的 SELECT 语句
WITH CHECK OPTION	强制针对视图执行的所有数据修改语句都必须符合在 select_statement 中设置的条件
ENCRYPTION	对语句文本的项进行加密
SCHEMABINDING	将视图绑定到基础表的架构
VIEW_METADATA	指定为引用视图的查询请求浏览模式返回有关视图的元数据信息

说明：

（1）只能在当前数据库中创建视图。CREATE VIEW 必须是查询批处理中的第一条语句。视图最多可以包含 1024 列。

（2）如果某个视图依赖于已删除的表（或视图），则当有人试图使用该视图时，数据库引擎将产生错误消息。如果创建了新表或视图（该表的结构与以前的基表没有不同之处）以替换删除的表或视图，则视图将再次可用。如果新表或视图的结构发生更改，则必须删除并重新创建该视图。

【例 8.7】在成绩管理数据库 AMDB 中，创建视图 View_stu，由学生 student 表中学号、姓名、性别、政治面貌和班级号组成。

SQL 语句如下：

```
--使用 AMDB 数据库
USE AMDB
GO
/*创建视图 View_stu, 由学生 student 表中学号、姓名、性别、
政治面貌和班级号组成。*/
CREATE VIEW View_stu
AS
SELECT stu_no AS '学号',
       stu_name AS '姓名',
       stu_sex AS '性别',
       polity AS '政治面貌',
       class_no AS '班号'
FROM student
GO
--查看该视图数据
SELECT * FROM View_stu
```

执行结果如图 8.12 所示。

【例 8.8】在成绩管理数据库 AMDB 中，创建视图 View_stumessage，由班内学号（学号最后两位）、学号、姓名、性别、出生年份、出生月份、出生日期、班号，班级名、课程名称和成绩组成。

SQL 语句如下：

	学号	姓名	性别	政治面貌	班号
1	2016560102	林伟	男	团员	5601
2	2016560106	罗金安	男	党员	5601
3	2016560126	张玉良	男	NULL	5601
4	2016560206	林诗音	女	党员	5602
5	2016560208	张尧学	男	团员	5602
6	2016560214	李晓旭	男	团员	5602
7	2016630126	王文韦	男	党员	6301
8	2016630139	张文礼	男	群众	6301
9	2016780101	王伟	男	团员	7801
10	2016780133	王语云	女	团员	7801
11	2016850206	张玉霞	女	群众	8502
12	2016850214	李芸山	女	团员	8502

图 8.12　View_stu 视图数据

```
--使用 AMDB 数据库
USE AMDB
GO
/*创建加密视图 View_stumessage, 由班内学号（学号最后两位）、学号、姓名、名字、性别、
出生年份、出生月份、出生日期、班号，班级名、课程名称和成绩组成。*/
```

```
CREATE  VIEW View_stumessage
WITH ENCRYPTION
AS
SELECT RIGHT(student.stu_no,2) AS '班内学号',
       student.stu_no AS '学号',
       stu_name AS '姓名',
       stu_sex AS '性别',
       YEAR(birthday) AS '出生年份',
       MONTH(birthday) AS '出生月份',
       birthday AS 出生日期,
       student.class_no AS '班号',
       class_name AS '班级名',
       course_name AS '课程名称',
       score AS '成绩'
FROM  student,class,course,score
WHERE student.stu_no=score.stu_no
      and student.class_no=class.class_no
      and course.course_no=score.course_no
GO
--查看该视图数据
SELECT * FROM View_stumessage
```

执行结果如图 8.13 所示。

	班内学号	学号	姓名	性别	出生年份	出生月份	出生日期	班号	班级名	课程名称	成绩
1	06	2016560106	罗金安	男	1999	12	1999-12-05 …	5601	网络技术1班	信息可视化设计	81
2	06	2016560106	罗金安	男	1999	12	1999-12-05 …	5601	网络技术1班	互联网营销	69
3	08	2016560208	张尧学	男	1999	4	1999-04-06 …	5602	网络技术2班	信息可视化设计	88
4	08	2016560208	张尧学	男	1999	4	1999-04-06 …	5602	网络技术2班	互联网营销	76
5	14	2016560214	李晓旭	男	1998	11	1998-11-07 …	5602	网络技术2班	信息可视化设计	92
6	14	2016560214	李晓旭	男	1998	11	1998-11-07 …	5602	网络技术2班	互联网营销	46
7	26	2016630126	王文韦	男	1996	5	1996-05-08 …	6301	电子技术1班	互联网营销	73
8	39	2016630139	张文礼	男	1998	6	1998-06-07 …	6301	电子技术1班	互联网营销	69
9	33	2016780133	王语云	女	1999	5	1999-05-06 …	7801	电子商务1班	计算机应用基础	58
10	06	2016850206	张玉霞	女	1998	2	1998-02-06 …	8502	会计2班	会计电算化	58
11	06	2016850206	张玉霞	女	1998	2	1998-02-06 …	8502	会计2班	计算机应用基础	72
12	14	2016850214	李芸山	女	1999	3	1999-03-06 …	8502	会计2班	会计电算化	86
13	14	2016850214	李芸山	女	1999	3	1999-03-06 …	8502	会计2班	计算机应用基础	53

图 8.13　View_stumessage 视图数据

8.3.2　使用 Transact-SQL 查看视图

系统存储过程 sp_help 可以查看有关数据库对象、用户定义数据类型或者 SQL Server 所提供的数据类型的定义信息，其基本语法如下：

```
sp_help [ @objname = ] 'name' [ , [ @columnname = ] computed_column_name ]
```

系统存储过程 sp_helpindex 可以查看规则、默认值、未加密的存储过程、用户定义函数、触发器或视图的文本，其基本语法如下：

```
sp_helptext [ @objname = ] 'name' [ , [ @columnname = ] computed_column_name ]
```

【例 8.9】利用系统存储过程 sp_help 查看视图 View_stu 和 View_stumessage 的定义信息。

SQL 语句如下：

```
EXECUTE sp_help View_stu
EXECUTE sp_help View_stumessage
```

执行结果如图 8.14 所示。

Name	Owner	Type	Created_datetime						
View_stu	dbo	view	2016-10-13 00:31:08.703						

	Colunn_name	Type	Computed	Length	Prec	Scale	Nullable	TrimTrailingBl...	FixedLenNullInSo...	Collation
1	学号	varchar	no	15			no	no	no	Chinese_PRC_CI_AS
2	姓名	varchar	no	10			no	no	no	Chinese_PRC_CI_AS
3	性别	char	no	2			no	no	no	Chinese_PRC_CI_AS
4	政治面貌	char	no	4			yes	no	yes	Chinese_PRC_CI_AS
5	班号	varchar	no	6			no	no	no	Chinese_PRC_CI_AS

	Identity	Seed	Increment	Not For Replica...
1	No identity colunn defined.	NULL	NULL	NULL

	RowGuidCol
1	No rowguidcol colunn defined.

Name	Owner	Type	Created_datetime
View_stumessage	dbo	view	2016-10-13 00:44:57.847

	Colunn_name	Type	Computed	Length	Prec	Scale	Nullable	TrimTrailingBl...	FixedLenNullInSo...	Collation
1	班内学号	varchar	no	4			yes	no	yes	Chinese_PRC_CI_AS
2	学号	varchar	no	15			no	no	no	Chinese_PRC_CI_AS
3	姓名	varchar	no	10			no	no	no	Chinese_PRC_CI_AS
4	性别	char	no	2			no	no	no	Chinese_PRC_CI_AS
5	出生年份	int	no	4	10	0	yes	(n/a)	(n/a)	NULL
6	出生月份	int	no	4	10	0	yes	(n/a)	(n/a)	NULL
7	出生日期	date...	no	8			yes	(n/a)	(n/a)	NULL
8	班号	varchar	no	15			no	no	no	Chinese_PRC_CI_AS

	Identity	Seed	Increment	Not For Replica...
1	No identity colunn defined.	NULL	NULL	NULL

	RowGuidCol
1	No rowguidcol colunn defined.

图 8.14　View_stu 和 View_stumessage 视图的定义信息

【例 8.10】利用系统存储过程 sp_helptext 查看视图 View_stu 和 View_stumessage 的文本信息。
SQL 语句如下：

```
EXECUTE  sp_helptext View_stu
```
执行结果如图 8.15 所示。
```
EXECUTE  sp_helptext View_stumessage
```
执行结果如图 8.16 所示。

	Text
1	/*创建视图View_stu，由学生student表中学号、姓名、性别、
2	政治面貌和班级号组成。*/
3	CREATE VIEW View_stu
4	AS
5	SELECT stu_no AS '学号',
6	stu_name AS '姓名',
7	stu_sex AS '性别',
8	polity AS '政治面貌',
9	class_no AS '班号'
10	FROM student

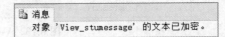
消息
对象 'View_stumessage' 的文本已加密。

图 8.15　View_stu 视图的文本信息　　　　图 8.16　加密的 View_stumessage 视图的文本信息

8.3.3　使用 Transact-SQL 修改视图

修改视图的 Transact-SQL 语句是 ALTER VIEW 语句，其基本语法如下：

```
ALTER VIEW [ schema_name . ] view_name [ (column [ ,…n ] ) ]
[ WITH <view_attribute> [ ,…n ] ]
AS select_statement
[ WITH CHECK OPTION ] [ ; ]

<view_attribute> ::=
{
    [ ENCRYPTION ][ SCHEMABINDING ][ VIEW_METADATA ]
}
```

【例 8.11】在成绩管理数据库 AMDB 中，修改视图 View_stu，让它只能选择女生的学号、姓名、性别、政治面貌和班级号，并进行强制限定。

SQL 语句如下：

```
--使用 AMDB 数据库
USE AMDB
GO
/*修改视图 View_stu，让它只能选择女生的学号、姓名、性别、
政治面貌和班级号，并进行强制限定。*/
ALTER  VIEW View_stu
AS
SELECT stu_no AS '学号',
       stu_name AS '姓名',
       stu_sex AS '性别',
       polity  AS '政治面貌',
       class_no AS '班号'
FROM student
WHERE stu_sex='女'
WITH CHECK OPTION

GO
--查看该视图数据
SELECT * FROM View_stu
```

执行结果如图 8.17 所示。

	学号	姓名	性别	政治面貌	班号
1	2016560206	林诗音	女	党员	5602
2	2016780133	王语云	女	团员	7801
3	2016850206	张玉霞	女	群众	8502
4	2016850214	李芸山	女	团员	8502

图 8.17　修改后的 View_stu 视图的数据

8.3.4　使用 Transact-SQL 重命名视图

系统存储过程 sp_rename 可以更改当前数据库中表、索引、列、别名数据类型或 Microsoft .NET Framework 公共语言运行时用户定义类型对象的名称。其基本语法如下：

```
sp_rename [ @objname = ] 'object_name' , [ @newname = ] 'new_name'
    [ , [ @objtype = ] 'object_type' ]
```

【例 8.12】在成绩管理数据库 AMDB 中，将视图 View_stumessage 重命名为 View_stumessage_new。

SQL 语句如下：

```
EXECUTE sp_rename 'View_stumessage' , 'View_stumessage_new'
```

8.3.5　使用 Transact-SQL 删除视图

删除视图的 Transact-SQL 语句是 DROP VIEW 语句，其基本语法如下：

```
DROP VIEW [ schema_name . ] view_name [ …,n ] [ ; ]
```

DROP VIEW 语句的参数及说明如表 8.2 所示。

表 8.2 DROP VIEW 语句的参数及说明

参　　数	说　　明
schema_name	视图所属架构的名称
view_name	视图的名称。视图名称必须符合有关标识符的规则

【例 8.13】在成绩管理数据库 AMDB 中，删除视图 View_stumessage_new。

SQL 语句如下：

```
DROP VIEW View_stumessage_new
```

8.4 使用 SSMS 应用视图

8.4.1 使用 SSMS 添加数据

【例 8.14】在成绩管理数据库 AMDB 中，往视图 View_course 中添加“食品工艺学”课程信息。

具体操作步骤如下：

（1）在“对象资源管理器”中，依次展开“服务器实例”→“数据库”→“AMDB”→“视图”→“View_course”。

（2）右击“View_course”，在弹出的快捷菜单中选择“编辑前 200 行”命令，在打开的“编辑器”中录入“食品工艺学”课程数据即可，如图 8.18 所示。

WAK-20130913GX...bo.View_course ×

	课程编号	课程名称	学分	hours
	31307	信息可视化设计	4	72
	35168	英语口语	4	72
	41406	管理信息系统	4	72
	60567	会计电算化	4	72
	80137	单片机应用技术	4	72
▸	55984	食品工艺学	4	72
*	NULL	NULL	NULL	NULL

图 8.18 向 View_course 视图中增加数据

（3）打开视图 View_course 来源的基础表 course，会发现刚刚添加到视图的“食品工艺学”课程数据已经添加到该基础表中了，如图 8.19 所示。

WAK-20130913GX...DB - dbo.course ×

	course no	course name	credit	hours
	31307	信息可视化设计	4	72
	35168	英语口语	4	72
	41406	管理信息系统	4	72
	52869	食品生物安全	3	54
▸	55984	食品工艺学	4	72
	60567	会计电算化	4	72
	61307	Web交互设计	3	54
	70120	局域网组建	3	54
	70787	互联网营销	3	54
	80137	单片机应用技术	4	72
	88694	计算机应用基础	3	54
*	NULL	NULL	NULL	NULL

图 8.19 View_course 视图的基础表 course 中数据的增加

8.4.2　使用 SSMS 修改数据

【例 8.15】在成绩管理数据库 AMDB 中，在视图 View_course 中将"食品工艺学"课程的课程号修改为 888666。

具体操作步骤如下：

（1）在"对象资源管理器"中，依次展开"服务器实例"→"数据库"→"AMDB"→"视图"→"View_course"。

（2）右击"View_course"，在弹出的快捷菜单中选择"编辑前 200 行"命令，在打开的"编辑器"中将"食品工艺学"的课程号修改为"888666"即可

（3）打开视图 View_course 来源的基础表 course，会发现"食品工艺学"课程数据也随之修改了。

8.4.3　使用 SSMS 删除数据

【例 8.16】在成绩管理数据库 AMDB 中，在视图 View_course 中将"食品工艺学"课程的数据删除。

具体操作步骤如下：

（1）在"对象资源管理器"中，依次展开"服务器实例"→"数据库"→"AMDB"→"视图"→"View_course"。

（2）右击"View_course"，在弹出的快捷菜单中选择"编辑前 200 行"命令，在打开的"编辑器"中右击"食品工艺学"的课程数据，在弹出的快捷菜单中选择"删除"命令即可。

（3）打开视图 View_course 来源的基础表 course，会发现"食品工艺学"课程数据也随之删除了。

8.5　使用 Transact-SQL 应用视图

8.5.1　使用 Transact-SQL 添加数据

【例 8.17】在成绩管理数据库 AMDB 中，在视图 View_stu 中添加"王文雪"同学的信息。
SQL 语句如下：

```
INSERT INTO View_stu
VALUES('2016850233','王文雪','女','党员','8502')
```

执行成功后，利用 SELECT 语句分别在视图和基表中验证该数据的录入：

```
SELECT * FROM View_stu
```

执行结果如图 8.20 所示。

	学号	姓名	性别	政治面貌	班号
1	2016560206	林诗音	女	党员	5602
2	2016780133	王语云	女	团员	7801
3	2016850206	张玉霞	女	群众	8502
4	2016850214	李芸山	女	团员	8502
5	2016850233	王文雪	女	党员	8502

图 8.20　向 View_stu 视图中增加数据

```
SELECT * FROM student
```

执行结果如图 8.21 所示。

	stu_no	stu_name	stu_sex	birthday	polity	class_no
1	2016560102	林伟	男	1999-06-07 00:00:00.000	团员	5601
2	2016560106	罗金安	男	1999-12-05 00:00:00.000	党员	5601
3	2016560126	张玉良	男	1998-11-16 00:00:00.000	NULL	5601
4	2016560206	林诗音	女	1999-05-03 00:00:00.000	党员	5602
5	2016560208	张尧学	男	1999-04-06 00:00:00.000	团员	5602
6	2016560214	李晓旭	男	1998-11-07 00:00:00.000	团员	5602
7	2016630126	王文韦	男	1996-05-08 00:00:00.000	党员	6301
8	2016630139	张文礼	男	1998-06-07 00:00:00.000	群众	6301
9	2016780101	王伟	男	1997-01-05 00:00:00.000	团员	7801
10	2016780133	王语云	女	1999-05-06 00:00:00.000	团员	7801
11	2016850206	张玉霞	女	1998-02-06 00:00:00.000	群众	8502
12	2016850214	李芸山	女	1999-03-06 00:00:00.000	团员	8502
13	2016850233	王文雪	女	NULL	党员	8502

图 8.21　View_stu 视图的基础表 student 中数据的增加

8.5.2　使用 Transact-SQL 修改数据

【例 8.18】在成绩管理数据库 AMDB 中，在视图 View_stu 中将“王文雪”同学的性别修改为“男”。

SQL 语句如下：

```
UPDATE View_stu SET 性别='男' WHERE 姓名='王文雪'
```

执行结果如图 8.22 所示。

```
消息
消息 550，级别 16，状态 1，第 1 行
试图进行的插入或更新已失败，原因是目标视图或者目标视图所跨越的某一视图指定了 WITH CHECK OPTION，
而该操作的一个或多个结果行又不符合 CHECK OPTION 约束。
语句已终止。
```

图 8.22　View_stu 视图中数据的修改

因为 View_stu 中设置了性别为女的 WITH CHECK OPTION 属性，所以，所有的对数据的增加和修改必须遵守性别为女的限定条件，否则会被终止操作。

8.5.3　使用 Transact-SQL 删除数据

【例 8.19】在成绩管理数据库 AMDB 中，在视图 View_stu 中将“王文雪”同学的数据删除。

SQL 语句如下：

```
DELETE FROM View_stu WHERE 姓名='王文雪'
```

执行以上 Transact-SQL 语句后，打开视图 View_stu 来源的基础表 student，会发现“王文雪”同学的数据也随之删除了。

小　结

本章主要介绍了视图的创建和管理，包括视图的概念、视图的分类、视图的优点、视图与基表的关系，使用 SSMS 和 Transact-SQL 语句创建视图、查看视图信息、修改视图、重命名视图以及删除视图，使用 SSMS 和 Transact-SQL 语句向视图中添加数据、修改数据和删除数据等。

习　　题

一、选择题

1. 视图是一个虚拟表，是从数据库中的一个或多个表中导出来的虚拟表，其内容由（　　）定义。

    A. 创建表　　　　　B. 查询　　　　　　C. 更新　　　　　　D. 删除

2. （　　）是保存在数据库中的组合了一个或多个表中的数据。

    A. 标准视图　　　　B. 索引视图　　　　C. 分区视图　　　　D. 系统视图

3. （　　）是在一台或多台服务器间水平连接一组成员表中的分区数据。

    A. 标准视图　　　　B. 索引视图　　　　C. 分区视图　　　　D. 系统视图

4. 下列（　　）不属于视图的优点。

    A. 简单化　　　　　B. 安全性　　　　　C. 逻辑数据独立性　　D. 物理数据独立性

5. 视图与基本表的关系是（　　）。

    A. 视图随着基本表的打开而打开　　　　B. 视图随着基本表的关闭而关闭

    C. 视图随着基本表的修改而修改　　　　D. 基本表随着视图的打开而打开

二、操作题

1. 利用 SSMS 创建视图 v_student_nv，要求显示成绩管理数据库 AMDB 中学生表 student 中所有的女生记录。

2. 利用 Transact-SQL 创建视图 v_score_notPass。要求显示成绩不及格的学生的学号、姓名、课程名，成绩，并加密视图的定义。

3. 分别利用 SSMS 和 Transact-SQL 查看视图 v_student_nv 和 v_score_notPass 的信息。

4. 在视图 v_student_nv 中更新数据，并查看基础表 student 表中数据是否随之更新。

5. 删除视图 v_student_nv。

第9章 存储过程的创建和管理

存储过程是一组编译好的、存储在服务器上、能够完成特定功能的 Transact-SQL 语句集合。客户端应用程序可以通过指定存储过程的名字并给出参数（如果该存储过程有参数）来执行存储过程。

通过本章的学习，您将掌握以下知识及技能：

（1）了解存储过程的概念、优点和分类。

（2）掌握利用 Transact-SQL 创建和执行简单的存储过程。

（3）掌握利用 Transact-SQL 创建和执行带参数的存储过程。

（4）熟练掌握修改存储过程的方法。

（5）熟练掌握查看、重命名和删除存储过程的方法。

9.1 存储过程概述

9.1.1 存储过程的概念

存储过程是（Stored Procedure）是预先编译的 Transact-SQL 语句的集合，这些语句存储在一个名称下并作为一个单元来处理。存储过程代理了传统的逐条执行 Transact-SQL 语句的方式。一个存储过程可以包含查询、插入、删除、更新等操作的一系列 Transact-SQL 语句，当这个存储过程被调用执行时，这些操作也会同时执行。

存储过程与其他变成语言中的过程类似，可以接受输入参数并以输出参数的形式向调用过程或批处理返回多个值，包含用于数据库操作的编程语句，向调用过程或者批处理返回状态值，以指明成功或失败。

9.1.2 存储过程的优点

1. 减少了服务器/客户端网络流量

存储过程中的命令是作为代码的单个批处理执行。只有对执行存储过程的调用才会跨网络发送，大大减少服务器和客户端之间的网络流量。

2. 更强的安全性

通过存储过程可以设定用户对存储过程的执行权限，使用户不能直接操作存储过程引用的基础对象。

3. 代码的重复使用

存储过程可以封装任何重复的数据库操作，这消除了不必要的重复编写相同的代码，降低了代码不一致性，并且允许拥有所需权限的任何用户或应用程序访问和执行代码。

4．更容易维护

在客户端应用程序调用存储过程并且将数据库操作保持在数据层中时，对于基础数据库中的任何更改，只有存储过程是必须更新的。应用程序层保持独立，并且不必知道对数据库布局、关系或进程的任何更改的情况。

9.1.3 存储过程的分类

1．系统存储过程

系统过程是 SQL Server 2012 系统自身提供的存储过程，可以作为命令执行各种操作，为系统管理员提供帮助，为用户查看数据库对象提供方便。

2．用户定义的存储过程

用户定义的存储过程是为了实现某一特定业务需求，在用户数据库编写的 Transact-SQL 语句的集合。用户存储过程可以接收输入参数、向客户端返回结果和信息、返回输出参数等。

3．临时存储过程

临时存储过程是用户定义过程的一种形式，只是临时存储过程存储于 tempdb 中。临时存储过程有两种类型：本地存储过程和全局存储过程。本地临时存储过程的名称以单个数字符号（#）开头，它们仅对当前的用户连接是可见的，当用户关闭连接时被删除。全局临时存储过程的名称以两个数字符号（##）开头，创建后对任何用户都是可见的，并且在使用该存储过程的最后一个会话结束时被删除。

4．扩展的用户定义过程

扩展的存储过程是以在 SQL Server 2012 环境外执行的动态连接库来实现的，可以加载到 SQL Server 2012 实例运行的地址空间中执行，扩展存储过程可以使用 SQL Server 2012 扩展存储过程 API 完成变成。扩展存储过程以前缀"xp_"来标识，对于用户来说，扩展存储过程和普通存储过程一样，可以用相同的方式来执行。SQL Server 的未来版本中将删除扩展存储过程。

9.2 创建和执行存储过程

9.2.1 利用 SSMS 创建存储过程

利用 SSMS 创建存储过程的具体操作过程如下：

（1）在"对象资源管理器"中，依次展开"服务器实例"→"数据库"→存储过程所在数据库→"可编程性"→"存储过程"。

（2）右击"存储过程"结点，在弹出的快捷菜单中选择"新建存储过程"命令，在"查询设计器"中出现存储过程的编程模板，如图 9.1 所示，在此模板基础上编写创建存储过程的 Transact-SQL 代码。

（3）单击"执行"按钮，运行成功后，在"对象资源管理器"中刷新"存储过程"结点，即可看到新建的存储过程。

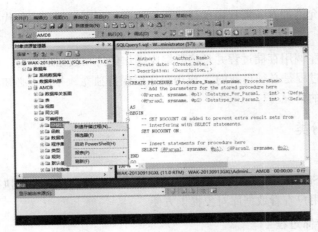

图 9.1　创建存储过程窗口

9.2.2　使用 Transact-SQL 创建和执行存储过程

创建存储过程的 Transact-SQL 语句是 CREATE PROCEDURE 语句，其基本语法如下：

```
CREATE { PROC | PROCEDURE }
    [schema_name.] procedure_name
    [ { @parameter [ type_schema_name. ] data_type } [ = default ]
        [ OUT | OUTPUT ] [READONLY]
    ] [ ,...n ]
[ WITH <[ ENCRYPTION ] | [ RECOMPILE ] | [ EXECUTE AS Clause ]>]
AS
{ [ BEGIN ] sql_statement [;] [ ...n ] [ END ] }
```

CREATE PROCEDURE 语句的参数及说明如表 9.1 所示。

表 9.1　CREATE PROCEDURE 语句的参数及说明

参　　数	说　　明
schema_name	存储过程所属架构的名称。存储过程是绑定到架构的。如果在创建存储过程时未指定架构名称，则自动分配正在创建存储过程的用户的默认架构
procedure_name	存储过程的名称。存储过程名称必须遵循有关标识符的规则，并且在架构中必须唯一。在命名存储过程时避免使用 sp_前缀
@ parameter	在存储过程中声明的参数。以@作第一个字符来指定参数名称。可声明一个或多个参数，最大值是 2100
[type_schema_name.] data_type	参数的数据类型以及该数据类型所属的架构
default	参数的默认值。默认值必须是常量或 NULL
OUT	OUTPUT	指示参数是输出参数
READONLY	指示不能在存储过程的主体中更新或修改参数
ENCRYPTION	指示 SQL Server 将 CREATE PROCEDURE 语句的原始文本转换为模糊格式
RECOMPILE	指示数据库引擎不缓存此过程的查询计划，这强制在每次执行此过程时都对该过程进行编译
EXECUTE AS clause	指定在其中执行过程的安全上下文
sql_statement	构成过程主体的一个或多个 Transact-SQL 语句

执行存储过程的 Transact-SQL 语句是 EXECUTE 语句，其基本语法如下：

```
[ { EXEC | EXECUTE } ]
  { [ @return_status = ]
    { module_name | @module_name_var }
[ [ @parameter = ] { value | @variable [ OUTPUT ] | [ DEFAULT ]  }] [ ,...n ]
```

EXECUTE 语句的参数及说明如表 9.2 所示。

表 9.2　EXECUTE 语句的参数及说明

参　　数	说　　明
@return_status	可选的整型变量，存储模块的返回状态
module_name	要调用的存储过程或标量值用户定义函数的完全限定或者不完全限定名称
@module_name_var	局部定义的变量名，代表模块名称
@parameter	module_name 的参数，与在模块中定义的相同。参数名称前必须加上符号（@）
value	传递给模块或传递命令的参数值。如果参数名称没有指定，参数值必须以在模块中定义的顺序提供
@variable	用来存储参数或返回参数的变量
OUTPUT	指定模块或命令字符串返回一个参数
DEFAULT	根据模块的定义，提供参数的默认值

【例 9.1】在成绩管理数据库 AMDB 中，创建存储过程 proc_stu，查询"李晓旭"的学号、姓名、班级名、课程名称和成绩。并通过执行该存储过程查看李晓旭的相关信息。

创建存储过程的 SQL 语句如下：

```
--使用 AMDB 数据库
USE AMDB
GO
--创建存储过程
CREATE PROCEDURE  proc_stu
AS
  SELECT student.stu_no AS '学号',
         stu_name AS '姓名',
         stu_sex AS '性别',
         class_name AS '班级名',
         course_name AS '课程名称',
         score AS '成绩'
  FROM  student,class,course,score
  WHERE student.stu_no=score.stu_no
        and student.class_no=class.class_no
        and course.course_no=score.course_no
        and stu_name ='李晓旭'
```

执行存储过程的 SQL 语句如下：

```
--执行存储过程 proc_stu
EXECUTE proc_stu
```

执行结果如图 9.2 所示。

	学号	姓名	性别	班级名	课程名称	成绩
1	2016560214	李晓旭	男	网络技术2班	信息可视化设计	92
2	2016560214	李晓旭	男	网络技术2班	互联网营销	46

图 9.2　存储过程 proc_stu 执行结果

【例 9.2】在成绩管理数据库 AMDB 中，创建带输入参数的存储过程 proc_stusr，根据输入参数查询对应学生的的学号、姓名、班级名、课程名称和成绩，并通过执行该存储过程查看"李晓旭"和"罗金安"的相关信息。

创建存储过程的 SQL 语句如下：

```
--使用 AMDB 数据库
USE AMDB
GO
--创建存储过程
CREATE PROCEDURE proc_stusr
@stu_name varchar(10)
AS
  SELECT student.stu_no AS '学号',
         stu_name AS '姓名',
         stu_sex AS '性别',
         class_name AS '班级名',
         course_name AS '课程名称',
         score AS '成绩'
  FROM student,class,course,score
  WHERE student.stu_no=score.stu_no
        and student.class_no=class.class_no
        and course.course_no=score.course_no
        and stu_name =@stu_name
```

执行该存储过程查看"李晓旭"的 SQL 语句如下：

```
EXECUTE proc_stusr '李晓旭'
```

执行结果如图 9.3 所示。

	学号	姓名	性别	班级名	课程名称	成绩
1	2016560214	李晓旭	男	网络技术2班	信息可视化设计	92
2	2016560214	李晓旭	男	网络技术2班	互联网营销	46

图 9.3　存储过程 proc_stusr 执行结果 1

执行该存储过程查看"罗金安"的 SQL 语句如下：

```
DECLARE @NAME varchar(10)
SET @NAME='罗金安'
EXECUTE proc_stusr @NAME
```

执行结果如图 9.4 所示。

	学号	姓名	性别	班级名	课程名称	成绩
1	2016560106	罗金安	男	网络技术1班	信息可视化设计	81
2	2016560106	罗金安	男	网络技术1班	互联网营销	69

图 9.4　存储过程 proc_stusr 执行结果 2

【例 9.3】在成绩管理数据库 AMDB 中，创建带输入参数、输出参数的存储过程 proc_scorecount，根据输入成绩的上下限统计在此范围内的学生人数，并将人数设置为输出参数。

SQL 语句如下：

```
--使用 AMDB 数据库
USE AMDB
GO
--创建存储过程
CREATE PROCEDURE  proc_scorecount
@MINSCORE real,
@MAXSCORE real,
@renshu int OUTPUT
AS
    SELECT @renshu =COUNT(DISTINCT(stu_no))
    FROM score
    WHERE score BETWEEN @MINSCORE AND @MAXSCORE
```

【例 9.4】在成绩管理数据库 AMDB 中，执行存储过程 proc_scorecount，计算出考试成绩在 70～90 分之间的学生人数。

SQL 语句如下：

```
DECLARE  @stuCount int,
         @a real,
         @b real
SELECT @a=70,@b=90
EXECUTE  proc_scorecount @a,@b,@stuCount OUTPUT
PRINT '考试成绩在'+CAST(@a AS varchar(3))+'和'+CAST(@b AS varchar(3))+'之间'
PRINT   '的人数是: '+CAST(@stuCount AS varchar(3))
```

执行结果如图 9.5 所示。

消息
考试成绩在70和90之间
的人数是：5

图 9.5 存储过程 proc_scorecount 执行结果

【例 9.5】在成绩管理数据库 AMDB 中，创建带输入参数、输出参数和返回值的存储过程 proc_stuscore，根据输入课程名称参数查询对应课程成绩的最高分和最低分，将最高分和最低分设置为输出参数，并返回程序执行的状态值@@ERROR。

SQL 语句如下：

```
--使用 AMDB 数据库
USE AMDB
GO
--创建存储过程
CREATE PROCEDURE  proc_stuscore
@MAXSCORE real  OUTPUT,
@MINSCORE real  OUTPUT,
@course_name varchar(30)
AS
  SELECT @MAXSCORE=MAX(SCORE),@MINSCORE=MIN(SCORE)
  FROM score
  WHERE  course_no=(SELECT  course_no  FROM  course  WHERE  course_name
=@course_name )
  RETURN @@ERROR
```

【例 9.6】在成绩管理数据库 AMDB 中，执行存储过程 proc_stuscore，计算出"互联网营销"课程的最高分和最低分。

SQL 语句如下：

```
DECLARE  @coursename varchar(30),
         @a real,
         @b real,
         @return int
SET  @coursename='互联网营销'
EXECUTE  @return=proc_stuscore @a OUTPUT,@b
OUTPUT,@coursename
PRINT  @coursename+'课程'
PRINT '最高分是'+CAST(@a AS varchar(3))
PRINT '最低分是'+CAST(@b AS varchar(3))
PRINT '该存储过程的返回值是'+CAST(@return AS
varchar(3))
```

执行结果如图 9.6 所示。

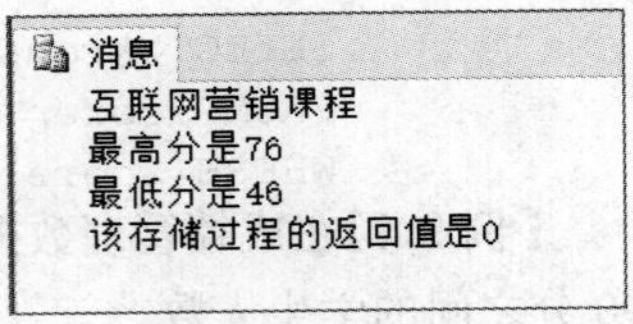

图 9.6 存储过程 proc_stuscore
执行结果

9.3 管理存储过程

9.3.1 修改存储过程

存储过程创建后，有些时候需要进行修改，修改存储过程有两种方法：一种是使用 SSMS 修改存储过程；另一种是使用 Transact-SQL 语句修改存储过程。

1. 使用 SSMS 修改存储过程

利用 SSMS 创建存储过程的具体操作过程如下：

（1）在"对象资源管理器"中，依次展开"服务器实例"→"数据库"→存储过程所在数据库→"可编程性"→"存储过程"→需要修改的存储过程。

（2）右击需要修改的存储过程，在弹出的快捷菜单中选择"修改"命令，在"查询设计器"中修改该存储过程的代码即可。

2. 使用 Transact-SQL 修改存储过程

修改存储过程的 Transact-SQL 语句是 ALTER PROCEDURE 语句，其基本语法如下：

```
ALTER { PROC | PROCEDURE }
[schema_name.] procedure_name
    [ { @parameter [ type_schema_name. ] data_type } [ =default ]
[ OUT | OUTPUT ] [READONLY]
] [ ,…n ]
[ WITH <[ ENCRYPTION ] | [ RECOMPILE ] | [ EXECUTE AS Clause ]>]
AS
{ [ BEGIN ] sql_statement [;] [ …n ] [ END ] }
```

【例 9.7】在成绩管理数据库 AMDB 中，修改存储过程 proc_stu，查询"李晓旭"的学号、姓名、课程名称和成绩。并通过执行该存储过程。

SQL 语句如下：

```
--使用 AMDB 数据库
```

```
USE AMDB
GO
--修改存储过程
ALTER PROCEDURE  proc_stu
AS
    SELECT student.stu_no AS '学号',
         stu_name AS '姓名',
         course_name AS '课程名称',
         score AS '成绩'
    FROM  student,course,score
    WHERE student.stu_no=score.stu_no
        and course.course_no=score.course_no
        and stu_name ='李晓旭'
```

　　--执行修改后的存储过程 proc_stu
　　EXECUTE proc_stu
执行结果如图 9.7 所示。

	学号	姓名	课程名称	成绩
1	2016560214	李晓旭	信息可视化设计	92
2	2016560214	李晓旭	互联网营销	46

图 9.7　存储过程 proc_stu 修改后执行结果

9.3.2　查看存储过程

　　存储过程创建后，可以根据需要查看存储过程的内容。查看存储过程有两种方法：一种是使用 SSMS 查看存储过程；另一种是使用 Transact-SQL 语句查看存储过程。

　　1. 使用 SSMS 查看存储过程

　　利用 SSMS 查看存储过程的具体操作过程如下：

　　（1）在"对象资源管理器"中，依次展开"服务器实例"→"数据库"→存储过程所在数据库→"可编程性"→"存储过程"→需要查看的存储过程。

　　（2）右击需要查看的存储过程，在弹出的快捷菜单中选择"属性"命令，在"存储过程属性"对话框中可以查看该存储过程的具体属性。

　　2. 使用 Transact-SQL 查看存储过程

　　查看存储过程的 Transact-SQL 语句采用系统存储过程 sp_help 和 sp_helpindex 分别查看存储过程的定义信息和代码文本信息。

　　系统存储过程 sp_help 可以查看存储过程的定义信息，其基本语法如下：

　　　　sp_help [@objname =] 'name' [, [@columnname =] computed_column_name]

　　系统存储过程 sp_helpindex 可以查看存储过程的文本信息，其基本语法如下：

　　　　sp_helptext [@objname =] 'name' [, [@columnname =] computed_column_name]

　　【例 9.8】分别利用系统存储过程修改存储过程 sp_help 和 sp_helpindex 查看存储过程 proc_stu 的信息。

　　SQL 语句如下：

```
    --利用 sp_help 查看存储过程 proc_stu 定义信息
    EXECUTE sp_help proc_stu
    --利用 sp_helptext 查看存储过程 proc_stu 文本信息
    EXECUTE sp_helptext proc_stu
```

执行结果如图 9.8 所示。

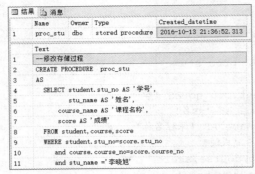

图 9.8　查看存储过程 proc_stu 的信息

9.3.3　重命名存储过程

存储过程创建后，有些时候需要重新规范存储过程的名字。重命名存储过程有两种方法：一种是使用 SSMS 重命名存储过程；另一种是使用 Transact-SQL 语句重命名存储过程。

1. 使用 SSMS 重命名存储过程

利用 SSMS 重命名存储过程的具体操作过程如下：

（1）在"对象资源管理器"中，依次展开"服务器实例"→"数据库"→存储过程所在数据库→"可编程性"→"存储过程"→需要重命名的存储过程。

（2）右击需要重命名的存储过程，在弹出的快捷菜单中选择"重命名"命令，输入新的存储过程名称即可。

2. 使用 Transact-SQL 重命名存储过程

系统存储过程 sp_rename 可以重命名存储过程的名称。其基本语法如下：

```
sp_rename [ @objname = ] 'object_name' , [ @newname = ] 'new_name'
    [ , [ @objtype = ] 'object_type' ]
```

【例 9.9】利用系统存储过程将存储过程 proc_stu 重命名为 proc_stuNew。

SQL 语句如下：

```
EXECUTE sp_rename proc_stu,proc_stuNew
```

9.3.4　删除存储过程

不需要的存储过程应该及时删除。删除存储过程有两种方法：一种是使用 SSMS 删除存储过程；另一种是使用 Transact-SQL 语句删除存储过程。

1. 使用 SSMS 删除存储过程

利用 SSMS 查看存储过程的具体操作过程如下：

（1）在"对象资源管理器"中，依次展开"服务器实例"→"数据库"→存储过程所在数据库→"可编程性"→"存储过程"→需要查看的存储过程。

（2）右击需要删除的存储过程，在弹出的快捷菜单中选择"删除"命令，在打开的"删除对象"对话框中单击"确认"按钮即可。

2. 使用 Transact-SQL 删除存储过程

删除存储过程的 Transact-SQL 语句是 DROP PROCEDURE 语句，其基本语法如下：

```
DROP { PROC | PROCEDURE } { [ schema_name. ] procedure } [ ,…n ]
```
DROP PROCEDURE 语句的参数及说明如表 9.3 所示。

表 9.3　DROP PROCEDURE 语句的参数及说明

参　　数	说　　明
schema_name	过程所属架构的名称。不能指定服务器名称或数据库名称
procedure	要删除的存储过程或存储过程组的名称。不能删除编号过程组内的单个过程；但可删除整个过程组

【例 9.10】利用 Transact-SQL 语句删除存储过程 proc_stuNew。

SQL 语句如下：

```
DROP PROCEDURE proc_stuNew
```

小　　结

本单元主要介绍了存储过程的创建和管理，包括存储过程的概念、优点和分类，创建和执行简单存储过程、创建和执行带输入参数的存储过程、创建和执行带输入和输出参数的存储过程、修改存储过程、查看存储过程、重命名存储过程和删除存储过程等。

习　　题

一、选择题

1. 执行存储过程的 Transact-SQL 语句名为（　　　）。
   A. GO　　　　　　B. DO　　　　　　C. CALL SQL　　　D. EXECUTE
2. 存储过程是预先编译的（　　　）的集合。
   A. SELECT 语句　B. 系统存储过程　　C. Transact-SQL 语句　D. 函数
3. （　　　）可以查看对象的定义信息。
   A. sp_help　　　　B. sp_rename　　　C. sp_depends　　　D. sys. produdures
4. 修改执行存储过程的 Transact-SQL 语句名为（　　　）。
   A. ALTER PROC　　　　　　　　B. CRETE PROCEDURE
   C. ALTER FUNCTION　　　　　　D. ALTER TABLE
5. 重命名执行存储过程的 Transact-SQL 语句名为（　　　）。
   A. CRETE PROCEDURE　　　　　B. sp_renamedb
   C. ALTER PROCEDURE　　　　　D. sp_rename

二、操作题

1. 创建一个带有参数的存储过程 stu_age，该存储过程根据传入的学生编号，在成绩管理数据库 AMDB 学生表 student 中算出此学生的年龄，并根据程序执行结果返回不同的值，程序执行成功，则返回整数 0；如果执行出错，则返回错误号。
2. 使用该存储过程计算"李晓旭"同学的年龄。

第 10 章　触发器的创建和管理

触发器是一种特殊的存储过程，主要通过事件进行触发而被执行。触发器是一个功能强大的工具，它可以在数据修改时自动强制执行其业务规则。触发器可以用于约束、默认值和规则的完整性检查。

通过本章的学习，您将掌握以下知识及技能：

（1）了解触发器的概念、优点和分类。

（2）熟练利用 Transact-SQL 创建 DML 和 DDL 触发器。

（3）熟练掌握查看和修改触发器的方法。

（4）熟练掌握启用和禁止触发器的方法。

（5）掌握删除触发器的方法。

10.1　触发器概述

10.1.1　触发器的基本概念

SQL Server 提供了两种主要机制来强制使用业务规则和数据完整性：约束和触发器。

触发器是一种特殊类型的存储过程，当指定表中进行多种数据修改操作（UPDATE、INSERT 或 DELETE）时自动生效。它与表紧密相连，可以看作表定义的一部分。触发器不能通过名称被调用，更不允许设置参数。

触发器可以查询其他表，而且可以包含复杂的 Transact-SQL 语句。它们主要用于强制服从复杂的业务规则或要求。触发器也可用于强制引用完整性，以便在多个表中添加、更新或删除行时，保留在这些表之间所定义的关系。不论触发器所进行的操作有多复杂，触发器都只作为一个独立的单元被执行，被看作一个事务。如果在执行触发器的过程中发生错误，则整个事务将会自动回滚。

10.1.2　触发器的优点

触发器的优点如下：

（1）触发器是自动的。它们在对表的数据作了任何修改（如手工输入或者应用程序采取的操作）之后立即被激活。

（2）触发器可以调用一个或者多个存储过程，甚至可以通过调用外部过程（不是数据库管理系统本身的过程）来实现复杂的数据库操作。

（3）触发器能够对数据库中的相关表进行级联更改。触发器是基于一个表创建的，但是可以针对多个表进行操作，实现数据库中相关表的级联更改。

（4）触发器可以实现比 CHECK 约束更为复杂的数据完整性约束。CHECK 约束不允许应用其他表中的列来完成检查工作，而触发器可以引用其他表中的列。触发器更适合在大型数据库管理系统中用来约束数据的完整性。

（5）触发器可以检测数据库内的操作，从而取消了数据库未经许可的更新操作，使数据库修改、更新操作更安全，数据库的运行也更稳定。

10.1.3　触发器的分类

SQL Server 2012 中包括三类触发器：DML 触发器、DDL 触发器和登录触发器。

1. DML 触发器

DML 触发器发生数据操作语言（DML）事件时自动生效，以便影响触发器中定义的表或视图。DML 事件包括 INSERT、UPDATE 或 DELETE 语句。DML 触发器可用于强制业务规则和数据完整性、查询其他表并包括复杂的 Transact-SQL 语句。将触发器和触发它的语句作为可在触发器内回滚（ROLLBACK TRANSACTION）的单个事务对待。如果检测到错误（如，磁盘空间不足），则整个事务即自动回滚。

DML 触发器主要有三种类型：AFTER 触发器、INSTEAD OF 触发器和 CLR 触发器。

1）AFTER 触发器

在执行 INSERT、UPDATE、DELETE 语句的操作之后执行 AFTER 触发器。如果违反了约束，则永远不会执行 AFTER 触发器，因此这些触发器不能用于任何可能防止违反约束的处理。

2）INSTEAD OF 触发器

INSTEAD OF 触发器将替代触发语句的标准操作，因此，触发器可用于对一个或多个列执行错误或值检查，然后在插入、更新或删除行之前执行其他操作。

INSTEAD OF 触发器的主要优点是可以使不能更新的视图支持更新。例如，基于多个基表的视图必须使用 INSTEAD OF 触发器来支持引用多个表中数据的插入、更新和删除操作。

AFTER 触发器和 INSTEAD OF 触发器的功能区别如表 10.1 所示。

表 10.1　AFTER 触发器和 INSTEAD OF 触发器的功能区别

功　　能	AFTER 触发器	INSTEAD OF 触发器
适用范围	表	表和视图
每个表或视图包含触发器的数量	每个触发操作（UPDATE、DELETE 和 INSERT）包含多个触发器	每个触发操作（UPDATE、DELETE 和 INSERT）包含一个触发器
级联引用	无任何限制条件	不允许在作为级联引用完整性约束目标的表上使用 INSTEAD OF UPDATE 和 DELETE 触发器
执行	晚于：– 约束处理 – 声明性引用操作 – 创建插入的和删除的表 – 触发操作	早于：– 约束处理 替代：– 触发操作 晚于：– 创建插入的和删除的表

3）CLR 触发器

CLR 触发器可以是 AFTER 触发器或 INSTEAD OF 触发器。CLR 触发器还可以是 DDL 触发器。CLR 触发器将执行在托管代码（在.NET Framework 中创建并在 SQL Server 中上载的程序集的成员）中编写的方法，而不用执行 Transact-SQL 存储过程。

2．DDL 触发器

DDL 触发器是响应各种数据定义语言（DDL）事件而激发的触发器。这些事件主要与以关键字 CREATE、ALTER、DROP、GRANT、DENY、REVOKE 或 UPDATE STATISTICS 开头的 Transact-SQL 语句对应。执行 DDL 式操作的系统存储过程也可以激发 DDL 触发器。

DDL 触发器的类型主要有 Transact-SQL DDL 触发器和 CLR DDL 触发器。

1）Transact-SQL DDL 触发器

用于执行一个或多个 Transact-SQL 语句以响应服务器范围或数据库范围事件的一种特殊类型的 Transact-SQL 存储过程。例如，如果执行某个语句（如 ALTER SERVER CONFIGURATION）或者使用 DROP TABLE 删除某个表，则激发 DDL 触发器。

2）CLR DDL 触发器

CLR 触发器将执行在托管代码中编写的方法，而不用执行 Transact-SQL 存储过程。仅在运行触发 DDL 触发器的 DDL 语句后，DDL 触发器才会激发。DDL 触发器无法作为 INSTEAD OF 触发器使用。对于影响局部或全局临时表和存储过程的事件，不会触发 DDL 触发器。

3．登录触发器

登录触发器是响应 LOGON 事件而激发的触发器。与 SQL Server 实例建立用户会话时将引发此事件。登录触发器将在登录的身份验证阶段完成之后且用户会话实际建立之前激发。因此，来自触发器内部且通常将到达用户的所有消息（如错误消息和来自 PRINT 语句的消息）会传送到 SQL Server 错误日志。如果身份验证失败，将不激发登录触发器。

常用的触发器主要是 DML 触发器和 DDL 触发器，下面将就这两种触发器进行具体学习。

10.2　创建 DML 触发器

10.2.1　使用 SSMS 创建 DML 触发器

利用 SSMS 创建 DML 触发器的具体操作过程如下：

（1）在"对象资源管理器"中，依次展开"服务器实例"→"数据库"→所在数据库→"表"→触发器所在的表→"触发器"，右击"触发器"结点，在弹出的快捷菜单中选择"新建触发器"命令，如图 10.1 所示。

（2）在"查询设计器"中出现 DML 触发器的编程模板，如图 10.2 所示，在此模板基础上编写创建 DML 触发器的 Transact-SQL 代码。

（3）单击"执行"按钮，运行成功后，在"对象资源管理器"中刷新"触发器"结点，即可看到新建的 DML 触发器。

图 10.1　选择"新建触发器"命令

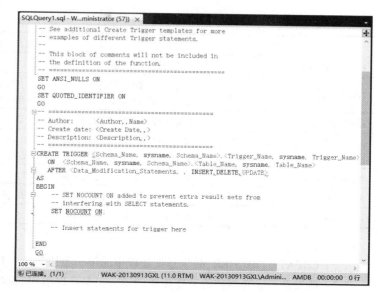

图 10.2　创建 DML 触发器窗口

10.2.2　使用 Transact-SQL 创建 DML 触发器

创建 DML 触发器的 Transact-SQL 语句是 CREATE TRIGGER 语句，其基本语法如下：

```
CREATE TRIGGER [ schema_name . ]trigger_name
ON { table | view }
[ WITH <dml_trigger_option> [ ,…n ] ]
{ FOR | AFTER | INSTEAD OF }
{ [ INSERT ] [ , ] [ UPDATE ] [ , ] [ DELETE ] }
[ WITH APPEND ]
[ NOT FOR REPLICATION ]
AS { sql_statement [ ; ] [ ,…n ] | EXTERNAL NAME <method specifier [ ; ]
> }

<dml_trigger_option> ::=
    [ ENCRYPTION ]
    [ EXECUTE AS Clause ]

<method_specifier> ::=
    assembly_name.class_name.method_name
```

创建 DML 触发器语句的参数及说明如表 10.2 所示。

表 10.2　创建 DML 触发器语句的参数及说明

参　　数	说　　明
schema_name	DML 触发器所属架构的名称
trigger_name	触发器的名称。trigger_name 必须遵循标识符规则，但 trigger_name 不能以#或##开头
table | view	对其执行 DML 触发器的表或视图。视图只能被 INSTEAD OF 触发器引用。不能对局部或全局临时表定义 DML 触发器
WITH ENCRYPTION	对触发器进行加密处理

参 数	说 明
EXECUTE AS	指定用于执行该触发器的安全上下文
FOR | AFTER	指定 DML 触发器仅在触发 SQL 语句中指定的所有操作都已成功执行时才被触发。FOR 与 AFTER 相同，这是 SQL Server 早期版本中唯一可使用的选项
INSTEAD OF	指定执行 DML 触发器而不是触发 SQL 语句，因此，其优先级高于触发语句的操作
[INSERT] [,] [UPDATE] [,] [DELETE]	指定数据修改语句，这些语句可在 DML 触发器对此表或视图进行尝试时激活该触发器。必须至少指定一个选项。在触发器定义中允许使用上述选项的任意顺序组合
WITH APPEND	指定应该再添加一个现有类型的触发器
NOT FOR REPLICATION	指示当复制代理修改涉及触发器的表时，不应执行触发器
sql_statement	触发条件和操作

说明：

（1）CREATE TRIGGER 必须是批处理中的第一条语句，并且只能应用于一个表。

（2）触发器只能在当前的数据库中创建，但是可以引用当前数据库的外部对象。

（3）如果指定了触发器架构名称来限定触发器，则将以相同的方式限定表名称。

（4）在同一条 CREATE TRIGGER 语句中，可以为多种用户操作（如 INSERT 和 UPDATE）定义相同的触发器操作。

（5）如果一个表的外键包含对定义的 DELETE/UPDATE 操作的级联，则不能对为表上定义 INSTEAD OF DELETE/UPDATE 触发器。

（6）在触发器内可以指定任意的 SET 语句。选择的 SET 选项在触发器执行期间保持有效，然后恢复为原来的设置。

【例 10.1】在成绩管理数据库 AMDB 中班级 class 表上创建 INSERT 事件的 AFTER 触发器 tri_classlen，根据插入的班级编号的长度给予适当的提示。

创建触发器的 SQL 语句如下：

```
--使用 AMDB 数据库
USE AMDB
GO
--创建触发器
CREATE TRIGGER tri_classlen
ON class
AFTER INSERT
AS
BEGIN
  --定义局部变量传递插入的班级编号字段的长度
  DECLARE @NUM AS varchar(15)
  SELECT @NUM=class_no FROM inserted
  --判断班级编号字段长度是否为 4，并给出适当的提示
  IF LEN(@NUM)=4
      PRINT '数据正确，请输入'
  ELSE
      PRINT '数据不正确，班级编号字段长度应为 4，请核对后再输入'
END
```

以上代码执行成功后，即可在数据库 AMDB 中班级 class 表上创建触发器 tri_classlen。此时，有对 class 表进行 INSERT 操作，即可自动激活该触发器。

对 class 表执行 INSERT 的 SQL 语句如下：

```
--向class表中插入班级编号长度不为4的数据
INSERT INTO class VALUES('698574','大学英语')
```

执行结果如图 10.3 所示。

对 class 表中数据进行检索，验证该数据是否录入成功，其 SQL 语句如下：

```
--检查class表中该数据是否插入成功
SELECT * FROM class
```

执行结果如图 10.4 所示。

	class_no	class_name
1	698574	大学英语
2	6301	电子技术1班
3	7801	电子商务1班
4	4501	多媒体1班
5	3601	国际商务1班
6	6901	国际英语1班
7	8502	会计2班
8	3801	绿色食品1班
9	5601	网络技术1班
10	5602	网络技术2班

```
数据不正确，班级编号字段长度应为4，请核对后再输入

(1 行受影响)
```

图 10.3　调用 tri_classlen 触发器　　　　图 10.4　INSERT 语句执行后 class 表中数据

分析：当数据库 AMDB 中班级 class 表上有 INSERT 操作时，触发器 tri_classlen 被自动激活，但是该触发器是 AFTER 触发器，是 INSERT 操作已经完成后才被激活，并且该触发器判断课程编号长度是否合理后，也只是给出了一条提示语句，所以该数据虽然不合理，但是也已经成功插入。

在创建触发器时可使用两个特殊的临时表：deleted 表和 inserted 表，它们存在于内存中。

inserted 表和 deleted 表是逻辑（概念）表。它们在结构上类似于定义触发器的表（也就是在其中尝试用户操作的表），这些表用于保存用户操作可能更改的行的旧值或新值。

一个 UPDATE 操作相当于一个删除旧记录、插入新记录的组合操作，所以要用到 inserted 和 deleted 表。

（1）inserted 表：临时保存被 INSERT 和 UPDATE 语句影响的新的数据行，即在执行 INSERT 或 UPDATE 语句时，新的数据行被添加到数据表中，同时这些新的数据行也被复制到 inserted 临时表中。

（2）deleted 表：临时保存了被 DELETE 和 UPDATE 语句影响旧的数据行，即在执行 DELETE 或 UPDATE 语句时，从数据表中删除旧的数据行，然后将这些旧的数据行存入 deleted 表中。

【例 10.2】在成绩管理数据库 AMDB 中班级 teacher 表上创建 INSERT 事件的 INSTEAD OF 触发器 tri_teachers，根据插入的教师性别给予适当的提示。

创建触发器的 SQL 语句如下：

```
--使用AMDB数据库
USE AMDB
GO
--创建触发器
CREATE TRIGGER tri_teachers
```

```
ON teacher
INSTEAD OF INSERT
AS
BEGIN
    --定义局部变量传递插入的性别字段值
    DECLARE @SEX AS varchar(2)
    SELECT @SEX =t_sex FROM inserted
    --判断性别字段取值是否合理，并给出对应的提示语句
    IF @SEX NOT IN('男','女')
        PRINT '性别字段只能输入'男'或者'女'，请重新核对后再输入'
    ELSE
        PRINT '数据正确'
END
```

以上代码执行成功后，即可在数据库 AMDB 中教师 course 表上创建触发器 tri_teachers。此时，有对 course 表进行 INSERT 操作，即可自动激活该触发器。

对 teacher 表执行 INSERT 的 SQL 语句如下：

```
--向 teacher 表中插入合理数据
INSERT INTO teacher VALUES('6','吴云','女','讲师')
```

执行结果如图 10.5 所示。

对 teacher 表中数据进行检索，验证该数据是否录入成功，其 SQL 语句如下：

```
--检查 teacher 表中该数据是否插入成功
SELECT * FROM teacher
```

执行结果如图 10.6 所示。

图 10.6 内容：

	t_no	t_name	t_sex	proTitle
1	1	王应麟	男	讲师
2	2	赵琼球	男	教授
3	3	林雪	女	助教
4	4	王乐乐	女	教授
5	5	林依丽	女	副教授

图 10.5 内容：

消息
数据正确

(1 行受影响)

图 10.5　调用 tri_teachers 触发器　　　　图 10.6　INSERT 语句执行后 teacher 表中数据

分析：当数据库 AMDB 中班级 teacher 表上有 INSERT 操作时，触发器 tri_teachers 被自动激活，判断输入的数据中性别字段的取值是否合理，并给出相应的提示。我们插入的数据是合理数据，但是该触发器是 INSTEAD OF 触发器，它是在 INSERT 动作真正被执行前被激活，并替代该 INSERT 动作给出适当的提示语句，所以，不管数据合理还是不合理，都不能执行 INSERT 动作，而被触发器中定义的动作替代了。

【例 10.3】在成绩管理数据库 AMDB 中班级 class 表上创建 UPDATE 事件的触发器 tri_classupdate，当 class 表中数据进行修改时 student 表中对应的数据同步进行修改。

创建触发器的 SQL 语句如下：

```
USE AMDB
GO
--创建触发器
CREATE TRIGGER tri_classupdate
ON class
AFTER UPDATE
```

```
AS
BEGIN
  --定义两个局部变量@c_noold 和@c_nonew
  DECLARE @c_noold AS varchar(15),@c_nonew AS varchar(15)
  --从 deleted 表中读出修改前的 class_no 的值赋值给局部变量@c_noold
  SELECT @c_noold =class_no FROM deleted
  --从 inserted 表中读出修改后的 class_no 的值赋值给局部变量@c_nonew
  SELECT @c_nonew =class_no FROM inserted
  --判断学生表中是否存在与 class 表中被修改的 class_no 相同的数据
  IF EXISTS(SELECT * FROM student WHERE class_no=@c_noold)
  --如果存在相同数据，则将 student 表中字段也进行对应更新
    BEGIN
      PRINT  'class 表数据修改成功'
      UPDATE student SET class_no=@c_nonew  WHERE class_no=@c_noold
      PRINT  'student 表对应数据修改成功'
    END
  --如果不存在相同数据，则不需要修改 student 表
  ELSE
      PRINT 'class 表数据修改成功'
END
```

以上代码执行成功后，即可在数据库 AMDB 中班级 class 表上创建触发器 tri_classupdate。此时，若对 class 表进行 INSERT 操作，则可自动激活该触发器。

我们先检查下 class 表和 student 表中原有数据，其 SQL 语句如下：

```
SELECT * FROM class
SELECT * FROM student
```

执行结果如图 10.7 所示。

图 10.7　class 表和 student 表中原有数据

对 class 表执行 UPDATE 的 SQL 语句如下：

```
/*将class表中class_no由7801更改为8801,
学生表中class_no有7801的取值*/
UPDATE   class   SET   class_no='8801'   WHERE
class_no='7801'
```

执行结果如图 10.8 所示。

对 class 表和 student 表中数据进行检索，验证该数据是否更新成功，其 SQL 语句如下：

```
SELECT * FROM class
SELECT * FROM student
```

执行结果如图 10.9 所示。

消息
class表数据修改成功

（2 行受影响）
student表对应数据修改成功

（1 行受影响）

图 10.8　调用 tri_classupdate
触发器

	class_no	class_name
1	698574	大学英语
2	6301	电子技术1班
3	8801	电子商务1班
4	4501	多媒体1班
5	3601	国际商务1班
6	6901	国际英语1班
7	8502	会计2班
8	3801	绿色食品1班
9	5601	网络技术1班
10	5602	网络技术2班

	stu_no	stu_name	stu_sex	birthday	polity	class_no
1	2016560102	林伟	男	1999-06-07 00:00:00.000	团员	5601
2	2016560106	罗金安	男	1999-12-05 00:00:00.000	党员	5601
3	2016560126	张玉良	男	1998-11-16 00:00:00.000	NULL	5601
4	2016560206	林诗音	女	1999-05-03 00:00:00.000	党员	5602
5	2016560208	张尧学	男	1999-04-06 00:00:00.000	团员	5602
6	2016560214	李晓旭	男	1998-11-07 00:00:00.000	团员	5602
7	2016630126	王文韦	男	1996-05-08 00:00:00.000	党员	6301
8	2016630139	张文礼	男	1998-06-07 00:00:00.000	群众	6301
9	2016780101	王伟	男	1997-01-05 00:00:00.000	团员	8801
10	2016780133	王语云	女	1999-05-06 00:00:00.000	团员	8801
11	2016850206	张玉霞	女	1998-02-06 00:00:00.000	群众	8502
12	2016850214	李芸山	女	1999-03-06 00:00:00.000	团员	8502

图 10.9　UPDATE 语句执行后 class 表和 student 表中数据

对 class 表再次执行 UPDATE 的 SQL 语句如下：

```
/*将class表中class_no由4501更改为5501,
学生表中class_no没有有4501的取值*/
UPDATE class SET class_no='5501'  WHERE class_no='4501'
```

执行结果如图 10.10 所示。

对 class 表和 student 表中数据进行再次检索，验证该数据是否更新成功，其 SQL 语句如下：

```
SELECT * FROM class
SELECT * FROM student
```

执行结果如图 10.11 所示。

消息
class表数据修改成功

（1 行受影响）

图 10.10　再次调用 tri_classupdate
触发器

图 10.11　UPDATE 语句再次执行后 class 表和 student 表中数据

【例 10.4】在成绩管理数据库 AMDB 中班级 class 表上创建 DELETE 事件的触发器 tri_classdelete，当 class 表中数据进行删除数据时，判断学生表中是否存在该班级的学生，如果存在则不允许删除，不存在才可以进行删除数据。

创建触发器的 SQL 语句如下：

```
--使用 AMDB 数据库
USE AMDB
GO
--创建触发器
CREATE TRIGGER tri_classdelete
ON class
AFTER DELETE
AS
BEGIN
    --定义个局部变量@c_no 传递删除的 class_no 字段的取值
    DECLARE @c_no AS varchar(15)
    --从 deleted 表中读出被删除的 class_no 的值赋值给局部变量@c_no
    SELECT @c_no=class_no FROM deleted
    --判断学生表中是否存在与 class 表中被删除的 class_no 相同的数据
    --即判断该班级是否有学生存在
    IF EXISTS(SELECT * FROM student WHERE class_no=@c_no)
    --如果该班级存在学生，则不允许删除
        BEGIN
            PRINT '该班级有学生存在，不允许删除'
                --执行回滚，撤销刚刚的删除动作
            ROLLBACK TRANSACTION
        END
    --如果该班级没有学生，则允许删除
    ELSE
        PRINT '该班级没有学生存在，可以删除'
END
```

以上代码执行成功后，即可在数据库 AMDB 中班级 class 表上创建触发器 tri_classdelete。此时，若对 class 表进行 DELETE 操作，则可自动激活该触发器。

对 class 表执行 DELETE 的 SQL 语句如下：

```
--在 class 表中删除课程编号为 8801 的数据
--学生表中 class_no 也有 8801 的取值
DELETE class WHERE class_no ='8801'
```

执行结果如图 10.12 所示。

对 class 表中数据进行检索，验证该数据是否删除成功，其 SQL 语句如下：

```
--检查 class 表中该数据是否删除成功
SELECT * FROM class
```

执行结果如图 10.13 所示。

	class_no	class_name
1	698574	大学英语
2	6301	电子技术1班
3	8801	电子商务1班
4	5501	多媒体1班
5	3601	国际商务1班
6	6901	国际英语1班
7	8502	会计2班
8	3801	绿色食品1班
9	5601	网络技术1班
10	5602	网络技术2班

消息

该班级有学生存在，不运行删除
消息 3609，级别 16，状态 1，第 3 行
事务在触发器中结束。批处理已中止。

图 10.12　调用 tri_classdelete 触发器　　　图 10.13　DELETE 语句执行后 class 表中数据

再次对 class 表执行 DELETE 的 SQL 语句如下：

```
--在 class 表中删除课程编号为 5501 的数据
--学生表中 class_no 没有有 5501 的取值
DELETE class WHERE class_no ='5501'
```

执行结果如图 10.14 所示。

对 class 表中数据再次进行检索，验证该数据是否删除成功，其 SQL 语句如下：

```
--检查 class 表中该数据是否删除成功
SELECT * FROM class
```

执行结果如图 10.15 所示。

	class_no	class_name
1	698574	大学英语
2	6301	电子技术1班
3	8801	电子商务1班
4	3601	国际商务1班
5	6901	国际英语1班
6	8502	会计2班
7	3801	绿色食品1班
8	5601	网络技术1班
9	5602	网络技术2班

消息

该班级没有学生存在，可以删除

(1 行受影响)

图 10.14　再次调用 tri_classdelete 触发器　　　图 10.15　DELETE 语句再次执行后 class 表中数据

10.3　创建 DDL 触发器

10.3.1　使用 SSMS 创建 DDL 触发器

利用 SSMS 创建 DDL 触发器的具体操作过程如下：

（1）在"对象资源管理器"中，依次展开"服务器实例"→"数据库"→所在数据库→"可

编程性"→"数据库触发器"，右击"数据库触发器"结点，在弹出的快捷菜单中选择"新建数据库触发器"命令，如图 10.16 所示。

（2）在"查询设计器"中出现 DDL 触发器的编程模板，如图 10.17 所示，在此模板基础上编写创建 DDL 触发器的 Transact-SQL 代码。

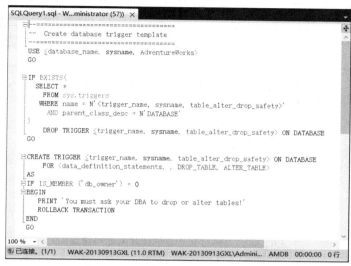

图 10.16　选择"新建数据库触发器"命令　　　　图 10.17　创建 DDL 触发器窗口

（3）单击"执行"按钮，运行成功后，在"对象资源管理器"中刷新"数据库触发器"结点，即可看到新建的 DDL 触发器。

10.3.2　使用 Transact-SQL 创建 DDL 触发器

创建 DDL 触发器的 Transact-SQL 语句是 CREATE TRIGGER 语句，其基本语法如下：

```
CREATE TRIGGER trigger_name
ON { ALL SERVER | DATABASE }
[ WITH <ddl_trigger_option> [ ,…n ] ]
{ FOR | AFTER } { event_type | event_group } [ ,…n ]
AS { sql_statement  [ ; ] [ ,…n ] | EXTERNAL NAME < method specifier >  [ ; ] }

<ddl_trigger_option> ::=
    [ ENCRYPTION ]
    [ EXECUTE AS Clause ]
```

创建 DDL 触发器语句的参数及说明如表 10.3 所示。

表 10.3　创建 DDL 触发器语句的参数及说明

参　　　数	说　　　明
trigger_name	触发器的名称
ALL SERVER	将 DDL 或登录触发器的作用域应用于当前服务器
DATABASE	将 DDL 触发器的作用域应用于当前数据库
WITH ENCRYPTION	对触发器进行加密处理

参　数	说　明
EXECUTE AS	指定用于执行该触发器的安全上下文
FOR ⏐ AFTER	指定触发器仅在触发 SQL 语句中指定的所有操作都已成功执行时才被触发
event_type	执行之后将导致激发 DDL 触发器的 Transact-SQL 语言事件的名称
event_group	预定义的 Transact-SQL 语言事件分组的名称
sql_statement	触发条件和操作

【例 10.5】创建服务器作用域的 DDL 触发器 tri_serversafe，防止服务器中任何一个数据库被修改或者删除。

创建触发器的 SQL 语句如下：

```
--创建触发器
CREATE TRIGGER tri_serversafe
ON ALL SERVER
AFTER ALTER_DATABASE,DROP_DATABASE
AS
BEGIN
    PRINT '无权对数据库被修改或者删除'
    ROLLBACK TRANSACTION
END
```

以上代码执行成功后，即可在数据库服务器上创建触发器 tri_serversafe。此时，若进行数据库修改或者删除操作，则可自动激活该触发器。

删除数据库 AMDB 的 SQL 语句如下：

```
--删除数据库 AMDB
DROP DATABASE AMDB
```

执行结果如图 10.18 所示。

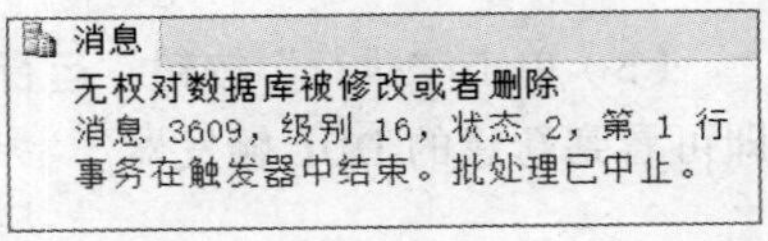

图 10.18　调用 tri_serversafe 触发器

【例 10.6】创建数据库作用域的 DDL 触发器 tri_dateabasesafe，防止数据库中任何一个数据表被删除。

创建触发器的 SQL 语句如下：

```
--创建触发器
CREATE TRIGGER tri_dateabasesafe
ON DATABASE
FOR  DROP_TABLE
AS
BEGIN
    PRINT '不允许删除数据库中的表'
    ROLLBACK TRANSACTION
END
```

以上代码执行成功后，即可在数据库服务器上创建触发器 tri_dateabasesafe。此时，若进行数据库中表的删除操作，则可自动激活该触发器。

删除 AMDB 数据库中学生表 class 的 SQL 语句如下：

```
--使用 AMDB 数据库
USE AMDB
GO
--删除班级表 class
DROP TABLE class
```
执行结果如图 10.19 所示。

消息
不允许删除数据库中的表
消息 3609，级别 16，状态 2，第 2 行
事务在触发器中结束。批处理已中止。

图 10.19　调用 tri_dateabasesafe 触发器

10.4　管理触发器

10.4.1　查看触发器

查看触发器的 Transact-SQL 语句可以采用系统存储过程 sp_help 和 sp_helpindex。

系统存储过程 sp_help 可以查看触发器的定义信息，其基本语法如下：

```
sp_help [ @objname = ] 'name' [ , [ @columnname = ] computed_column_name ]
```

系统存储过程 sp_helpindex 可以查看触发器的文本信息，其基本语法如下：

```
sp_helptext [ @objname = ] 'name' [ , [ @columnname = ] computed_column_name ]
```

【例 10.7】利用系统存储过程查看触发器 tri_classlen 信息。

SQL 语句如下：

```
--利用 sp_help 查看触发器 tri_classlen 定义信息
EXECUTE sp_help tri_classlen
--利用 sp_helptext 查看触发器 tri_classlen 文本信息
EXECUTE sp_helptext tri_classlen
```

执行结果如图 10.20 所示。

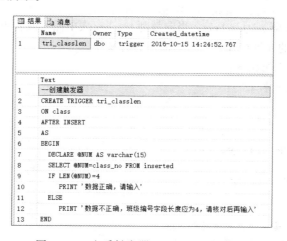

图 10.20　查看触发器 tri_classlen 的信息

10.4.2　修改触发器

触发器创建后，当触发器不满足需求时，可以修改触发器的定义和属性。修改触发器有两种方法：一种是使用 SSMS 修改触发器；另一种是使用 Transact-SQL 语句修改触发器。

1. 使用 SSMS 修改触发器

利用 SSMS 修改触发器的具体操作过程如下：

（1）在"对象资源管理器"中，依次展开"服务器实例"→"数据库"→触发器所在数据库→"表"→"触发器"→需要修改的 DML 触发器。

（2）右击需要修改的触发器，在弹出的快捷菜单中选择"修改"命令，在"查询设计器"中修改该触发器的代码即可修改触发器。

2. 使用 Transact-SQL 修改触发器

修改触发器的 Transact-SQL 语句是 ALTER TRIGGER 语句，可以分别对 DML 触发器和 DDL 触发器进行修改。

1）修改 DML 触发器

修改 DML 触发器的基本语法如下：

```
ALTER TRIGGER schema_name.trigger_name
ON  ( table | view )
[ WITH <dml_trigger_option> [ ,…n ] ]
 ( FOR | AFTER | INSTEAD OF )
{ [ DELETE ] [ , ] [ INSERT ] [ , ] [ UPDATE ] }
[ NOT FOR REPLICATION ]
AS { sql_statement [ ; ] [ …n ] | EXTERNAL NAME <method specifier>
[ ; ] }

<dml_trigger_option> ::=
    [ ENCRYPTION ]
    [ <EXECUTE AS Clause> ]

<method_specifier> ::=
    assembly_name.class_name.method_name
```

【例 10.8】修改触发器 tri_teachers，当向教师 teacher 表中插入或者更新数据时，性别字段合理（取值为男或者女）的允许操作，不合理的不允许操作。

修改触发器的 SQL 语句如下：

```
--使用 AMDB 数据库
USE AMDB
GO
--修改触发器
ALTER TRIGGER tri_teachers
ON teacher
AFTER INSERT,UPDATE
AS
BEGIN
   --定义局部变量传递插入的性别字段值
   DECLARE @SEX AS varchar(2)
   SELECT @SEX =t_sex FROM inserted
   --判断性别字段取值是否合理，并给出对应的提示语句
   IF @SEX NOT IN('男','女')
     BEGIN
        PRINT '性别字段只能输入'男'或者'女'，请重新核对后再输入'
        ROLLBACK TRANSACTION
     END
   ELSE
```

```
        PRINT '数据正确,输入成功'
    END
```

验证该触发器。对 teacher 表执行 INSERT 的 SQL 语句如下：

```
--向 teacher 表中插入合理数据
INSERT INTO teacher VALUES('6','吴云','女','讲师')
```

执行结果如图 10.21 所示。

对 teacher 表中数据进行检索，验证该数据是否录入成功，其 SQL 语句如下：

```
--检查 teacher 表中该数据是否插入成功
SELECT * FROM teacher
```

执行结果如图 10.22 所示。

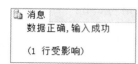

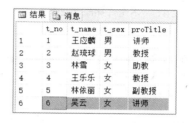

图 10.21　调用 tri_teachers 触发器　　　图 10.22　INSERT 语句执行后 teacher 表中数据

验证该触发器。对 teacher 表执行 UPDATE 的 SQL 语句如下：

```
--将 teacher 表中王乐乐的性别更新为不合理的数据"X"
UPDATE teacher SET t_sex='X' WHERE t_name='王乐乐'
```

执行结果如图 10.23 所示。

对 teacher 表中数据进行检索，验证该数据是否修改成功，其 SQL 语句如下：

```
--检查 teacher 表中该数据是否修改成功
SELECT * FROM teacher
```

执行结果如图 10.24 所示。

图 10.23　再次调用 tri_teachers 触发器　　　图 10.24　UPDATE 语句执行后 teacher 表中数据

2）修改 DDL 触发器

修改 DDL 触发器的基本语法如下：

```
ALTER TRIGGER trigger_name
ON { DATABASE | ALL SERVER }
[ WITH <ddl_trigger_option> [ ,…n ] ]
{ FOR | AFTER } { event_type [ ,…n ] | event_group }
AS { sql_statement [ ; ] | EXTERNAL NAME <method specifier>
[ ; ] }
}
```

```
<ddl_trigger_option> ::=
    [ ENCRYPTION ]
    [ <EXECUTE AS Clause> ]
```

【例 10.9】修改触发器 tri_dateabasesafe，不允许对数据库中的表进行删除、更新和新建。

修改触发器的 SQL 语句如下：

```
ALTER TRIGGER tri_dateabasesafe
ON DATABASE
FOR  DROP_TABLE,ALTER_TABLE,CREATE_TABLE
AS
BEGIN
  PRINT '不允许删除、更新和新建数据库中的表'
  ROLLBACK TRANSACTION
END
```

验证该触发器。在 AMDB 数据库中创建新表 test，其 SQL 语句如下：

```
--使用 AMDB 数据库
USE AMDB
GO
--创建新表 test
CREATE TABLE test
(test_no varchar(10) Primary Key,
test_name varchar(30) NULL
)
```

执行结果如图 10.25 所示。

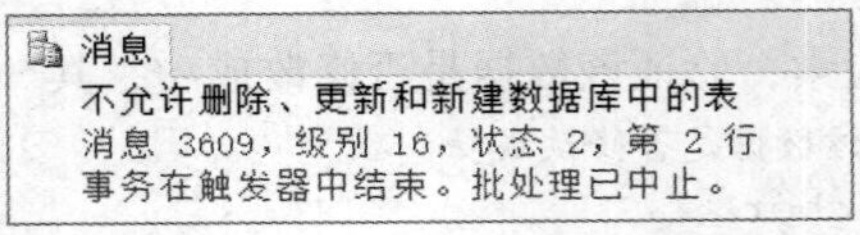

图 10.25　调用 tri_dateabasesafe 触发器

10.4.3　禁用触发器

触发器创建后，如果暂时不需要使用某个触发器，可以将其禁用。触发器被禁用后并没有删除，它仍然作为对象存储在当前数据库中，但是当用户执行触发操作（UPDATE、INSERT、DELETE）时，触发器不会被调用。禁用触发器有两种方法：一种是使用 SSMS 禁用触发器；另一种是使用 Transact-SQL 语句禁用触发器。

1. 使用 SSMS 禁用触发器

利用 SSMS 禁用触发器的具体操作过程如下：

（1）在"对象资源管理器"中，依次展开"服务器实例"→"数据库"→触发器所在数据库→"表"→"触发器"→需要禁用的 DML 触发器。

或者在"对象资源管理器"中，依次展开"服务器实例"→"数据库"→触发器所在数据库→"可编程性"→"数据库触发器"→需要禁用的 DDL 触发器。

（2）右击需要禁用的触发器，在弹出的快捷菜单中选择"禁用"命令即可禁用该触发器。

2. 使用 Transact-SQL 禁用触发器

禁用触发器的 Transact-SQL 语句可以用 ALTER TABLE 或者 DISABLE TRIGGER 语句，

DISABLE TRIGGER 基本语法如下：

```
DISABLE TRIGGER { [ schema_name . ] trigger_name [ ,...n ] | ALL }
ON { object_name | DATABASE | ALL SERVER } [ ; ]
```

DISABLE TRIGGER 语句的参数及说明如表 10.4 所示。

表 10.4　DISABLE TRIGGER 语句的参数及说明

参　　数	说　　明
schema_name	DML 触发器所属架构的名称。不能为 DDL 或登录触发器指定 schema_name
trigger_name	要禁用的触发器的名称
ON	指示禁用在 ON 子句作用域中定义的所有触发器
object_name	要对其创建要执行的 DML 触发器 trigger_name 的表或视图的名称
DATABASE	对于 DDL 触发器，指示所创建或修改的 trigger_name 将在数据库范围内执行
ALL SERVER	对于 DDL 触发器，指示所创建或修改的 trigger_name 将在服务器范围内执行。ALLSERVER 也适用于登录触发器

【例 10.10】禁用触发器 tri_classlen、tri_serversafe 和 tri_dateabasesafe。

SQL 语句如下：

```
--禁用 DML 触发器 tri_classlen
DISABLE TRIGGER tri_classlen ON class
GO
--禁用 DDL 触发器 tri_serversafe
DISABLE TRIGGER tri_serversafe ON ALL SERVER
GO
--禁用 DDL 触发器 tri_dateabasesafe
DISABLE TRIGGER tri_dateabasesafe ON  DATABASE
```

10.4.4　启用触发器

已禁用的触发器可以被重新启用，启用触发器会以最初创建它时的方式将其激活。启用触发器有两种方法：一种是使用 SSMS 启用触发器；另一种是使用 Transact-SQL 语句启用触发器。

1．使用 SSMS 启用触发器

利用 SSMS 启用触发器的具体操作过程如下：

（1）在"对象资源管理器"中，依次展开"服务器实例"→"数据库"→触发器所在数据库→"表"→"触发器"→需要启用的 DML 触发器。

或者在"对象资源管理器"中，依次展开"服务器实例"→"数据库"→触发器所在数据库→"可编程性"→"数据库触发器"→需要启用的 DDL 触发器。

（2）右击需要启用的触发器，在弹出的快捷菜单中选择"启用"命令，即可启用该触发器

2．使用 Transact-SQL 启用触发器

启用触发器的 Transact-SQL 语句可以用 ALTER TABLE 或者 ENABLE TRIGGER 语句，ENABLE TRIGGER 基本语法如下：

```
ENABLE TRIGGER { [ schema_name . ] trigger_name [ ,...n ] | ALL }
ON { object_name | DATABASE | ALL SERVER } [ ; ]
```

【例 10.11】启用触发器 tri_classlen、tri_serversafe 和 tri_dateabasesafe。

SQL 语句如下：

```
--启用 DML 触发器 tri_classlen
ENABLE TRIGGER tri_classlen ON class
GO
--启用 DDL 触发器 tri_serversafe
ENABLE TRIGGER tri_serversafe ON ALL SERVER
GO
--启用 DDL 触发器 tri_dateabasesafe
ENABLE TRIGGER tri_dateabasesafe ON  DATABASE
```

10.4.5　删除触发器

删除触发器是将触发器对象从当前数据库中永久地删除。删除触发器有两种方法：一种是使用 SSMS 删除存储过程；另一种是使用 Transact-SQL 语句删除触发器。

1. 使用 SSMS 删除触发器

利用 SSMS 删除触发器的具体操作过程如下：

（1）在"对象资源管理器"中，依次展开"服务器实例"→"数据库"→触发器所在数据库→"表"→"触发器"→需要删除的 DML 触发器。

或者在"对象资源管理器"中，依次展开"服务器实例"→"数据库"→触发器所在数据库→"可编程性"→"数据库触发器"→需要删除的 DDL 触发器。

（2）右击需要删除的触发器，在弹出的快捷菜单中选择"删除"命令，在打开的"删除对象"对话框中单击"确认"按钮即可删除触发器。

2. 使用 Transact-SQL 删除触发器

删除触发器的 Transact-SQL 语句是 DROP TRIGGER 语句，其基本语法如下：

```
DROP TRIGGER [schema_name.]trigger_name [ ,...n ] [ ; ]
```

DROP TRIGGER 语句的参数及说明如表 10.5 所示

表 10.5　DROP TRIGGER 语句的参数及说明

参　　数	说　　明
schema_name	DML 触发器所属架构的名称
trigger_name	要删除的触发器的名称

【例 10.12】删除触发器 tri_classdelete 和 tri_classupdate。

SQL 语句如下：

```
DROP TRIGGER tri_classdelete,tri_classupdate
```

小　　结

本章主要介绍了触发器的创建和管理，包括触发器的基本概念、触发器的优点、触发器的分类，DML 触发器的创建和使用，DDL 触发器的创建和使用，查看触发器、修改触发器、启用触发器和删除触发器等。

习　题

一、选择题

1. （　　）发生数据操作语言事件时自动生效，以便影响触发器中定义的表或视图。

　　A．DML 触发器　　B．DDL 触发器　　　C．登录触发器　　　　D．系统触发器

2. （　　）将替代触发语句的标准操作。

　　A．AFTER 触发器　　　　　　　　B．SELECT 触发器

　　C．FOR 触发器　　　　　　　　　D．INSTEAD OF 触发器

3. DML 事件不包括（　　）。

　　A．SELECT　　　　B．INSERT　　　C．DROP　　　　D．DELETE

4. 激活 DML 触发器的数据更新语句，有效选项是（　　）。

　　A．UPDATE　　　B．INSERT　　　C．SELECT　　　　D．DELETE

5. （　　）用于撤销刚刚的操作。

　　A．BEGIN TRANSACTION　　　　　B．ROLLBACK TRANSACTION

　　C．COMMIT TRANSACTION　　　　　D．END TRANSACTION

二、操作题

1. 用 Transact-SQL 语言创建一个 AFTER 触发器，要求实现以下功能：在成绩管理数据库 AMDB 中成绩表 score 上创建一个插入更新类型的触发器 scoreCheckyx，当在 score 字段中插入或修改考试分数后，触发该触发器，检查分数是否在 0～100 分之间，若不在，则不能插入或修改，并给出提示"分数不在 0 到 100 之间"。

2. 分别向成绩表 score 中插入合法和不合法数据，验证触发器是否有效。

第 11 章　数据库的安全性管理

随着计算机技术的飞速进步，互联网应用得越来越广泛，数据库的安全性也变得越来越重要。数据库安全是指采取各种安全措施对数据库及其相关文件和数据进行保护。数据库系统的重要指标之一是确保系统安全，以各种防范措施防止非授权使用数据库，主要通过 DBMS 实现。

通过本章的学习，您将掌握以下知识及技能：

（1）了解 SQL Server 安全性概述。

（2）掌握创建和管理登录账户的方法。

（3）掌握创建和管理角色的方法。

（4）熟练掌握权限的各种操作。

（5）掌握架构的各种操作。

（6）能够处理好维护数据库安全和为用户服务之间的关系。

11.1　SQL Server 安全性概述

数据库管理系统的功能之一是进行数据库运行控制，其中最重要的一点是数据库安全性控制，即防止未经授权的用户存取数据库中的数据，避免数据被泄露、更改和破坏。

SQL Server 2012 的安全机制可以分为 5 层：操作系统安全机制、网络传输安全机制、实例级别安全机制、数据库级别安全机制和对象级别安全机制。这 5 个层次由高到低，所有的层次之间相互联系，用户只有通过了高一层的安全验证，才能继续访问数据库下一层的内容。

1．操作系统安全机制

数据库管理系统需要运行在某一特定的操作系统平台下，操作系统的安全性直接影响 SQL Server 的安全性。在用户使用客户机通过网络访问数据库服务器时，首先要获得客户机操作系统的使用权限。操作系统安全性是操作系统管理员或网络管理员负责管理的，由于 SQL Server 采用了集成 Windows NT 网络安全机制，所以提高了操作系统的安全性，但与此同时也加大了管理数据库系统安全的难度。

2．网络传输安全机制

为了防止攻击者通过防火墙和服务器上的操作系统入侵数据库，SQL Server 对关键数据进行了加密处理。数据加密方式有两种：数据加密和备份加密。

数据加密执行所有的数据库级别的加密操作，消除了应用程序开发人员创建定制的代码来加密和解密数据的过程。数据在写到磁盘的同时进行加密，从磁盘读的时候进行解密。使用 SQL Server 进行加密和解密的管理，可以保护数据库中的业务数据而不必对现有的应用程序做任何更改。

备份加密是对备份进行加密，可以防止数据泄露和被篡改。

3．实例级别安全机制

实例级别安全机制是建立在控制服务器登录名和密码基础上的。SQL Server 采用了标准 SQL Server 登录和集成 Windows 登录两种方式。无论使用哪种登录方式，用户在登录时都必须提供登录密码和账号，管理和设计合理的登录方式是 SQL Server 数据库管理员的重要任务，也是 SQL Server 安全体系中最重要的组成部分。SQL Server 服务器中预设了许多固定服务器角色，用来为具有服务器管理员资格的用户分配使用权限，固定服务器角色的成员可以使用服务器级别的管理权限。

4．数据库级别安全机制

用户通过了实例级别安全机制校验以后，将直接面对不同的数据库入口。建立用户登录账号信息时，SQL Server 提示用户选择默认的数据库，并分配给用户权限，以后每次用户登录服务器后，都会直接转到默认数据库，如未制定，master 数据库会被设置为默认数据库。

在默认情况下只有数据库的拥有者才可以访问该数据库对象，数据库的拥有者可以分配访问权限给其他用户，以便让其他用户也拥有针对该数据库的访问权限。

5．对象级别安全机制

数据库对象级别安全机制是检查用户权限的最后一个安全等级。在创建数据库对象的时候，SQL Server 将自动把该数据库对象的拥有权限赋予创建该对象的拥有者。对象的拥有者可以实现该对象的安全控制。数据库对象访问的权限定义了用户对数据库中对象的引用和数据操作语句的许可权限。

由此可见，如果一个用户要访问 SQL Server 数据库中的对象，必须要经过三个步骤：

第一步，验证用户是否具有连接到 SQL Server 数据库服务器的登录名。

第二步，当用户访问数据库时，必须验证用户是否是数据库的合法用户。

第三步，当用户访问数据库对象时，验证用户是否具有该对象的引用和操作权限。

11.2　安全验证方式

验证方式也就是用户登录，这是 SQL Server 实施安全性的第一步，用户只有登录到服务器之后才能对 SQL Server 数据库系统进行管理。

SQL Server 支持两种身份验证模式，即 Windows 身份验证模式和混合模式。Windows 身份验证模式会启用 Windows 身份验证并禁用 SQL Server 身份验证。混合模式会同时启用 Windows 身份验证和 SQL Server 身份验证。 Windows 身份验证始终可用，并且无法禁用。

11.2.1　Windows 身份验证模式

Windows 身份验证模式利用了操作系统用户安全性和账号管理机制，允许 SQL Server 使用 Windows 的用户名和口令，这种模式下，SQL Server 把登录验证的任务交给了 Windows 操作系统，用户只要通过了 Windows 的验证，就可以直接连接到 SQL Server 服务器。

Windows 身份验证是默认模式，并且比 SQL Server 身份验证更为安全。Windows 身份验证使用 Kerberos 安全协议，提供有关强密码复杂性验证的密码策略强制，还提供账户锁定支持，并且支持密码过期。通过 Windows 身份验证完成的连接有时也称可信连接，这是因为 SQL Server 信任由 Windows 提供的凭据。可以使用 Windows 身份验证，在域级别创建 Windows 组，并可在 SQL Server 上为整个组创建登录名。从域级别管理访问可简化账户管理。

11.2.2　混合模式

混合模式是指用户连接 SQL Server 服务器时，既可以 Windows 身份验证，也可以使用 SQL Server 身份验证。

当使用 SQL Server 身份验证时，在 SQL Server 中创建的登录名并不基于 Windows 用户账户。用户名和密码均通过使用 SQL Server 创建并存储在 SQL Server 中。通过 SQL Server 身份验证进行连接的用户每次连接时必须提供其凭据（登录名和密码）。当使用 SQL Server 身份验证时，必须为所有 SQL Server 账户设置强密码。

SQL Server 密码最多可包含 128 个字符，其中包括字母、符号和数字。强密码不易被人猜出，也不易被计算机程序攻击。当采用强密码时，密码长度必须多于 8 个字符。强密码不能使用禁止的条件或字词，包括空条件或 NULL 条件、Password、Admin、Administrator、sa、sysadmin、当前计算机的名称、当前登录到计算机上的用户的名称。并且要满足下列四个特点中的三个：

（1）大写字符（A～Z）。

（2）小写字符（a～z）。

（3）数字（0～9）。

（4）一个非字母数字字符，如空格、_、@、*、^、%、!、$、#或&。

11.2.3　设置身份验证模式

SQL Server 中的两种身份验证模式可以根据不同用户的实际情况来进行选择。在安装 SQL Server 过程中就需要制定验证模式。对于已经制定验证模式的 SQL Server 服务器，在登录 SQL Server 服务器后，还可以通过设置服务器身份验证模式来进行更改。具体操作过程如下：

（1）启动 SSMS 并连接到数据库服务器，在"对象资源管理器"中，右击服务器名称，在弹出的快捷菜单中选择"属性"命令，如图 11.1 所示。

（2）在打开的"服务器属性"窗口中，在左侧选择"安全性"选择页，在右侧的安全性选择页中系统提供了设置身份验证的模式："Windows 身份验证模式"和"SQL Server 和 Windows 身份验证模式"，如图 11.2 所示，选择其中一种，单击"确定"按钮，重新启动 SQL Server 服务，即可完成身份验证模式的设置。

图 11.1　选择"属性"命令

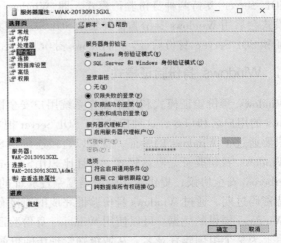
图 11.2　"服务器属性"的"安全性"选择页

11.3　创建和管理登录用户

任何一个 Windows 用户或者 SQL Server 用户要连接到数据库服务器，都必须关联一个合法的登录名，登录名是服务器级的安全策略，是基于服务器级使用的用户名称。

11.3.1　创建登录账户

创建登录账户是 SQL Server 实施安全性的第一步，用户只有登录到服务器之后才能对 SQL Server 数据库系统进行管理。如果把数据库作为一个拥有无数房间的大楼，那么用户登录数据库就是进入这栋大楼。

创建登录账户可以使用 SSMS 或者 Transact-SQL 语句两种方式。登录账户又分为 Windows 账户和 SQL Server 账户两种。

1. 使用 SSMS 创建 Windows 账户

Windows 身份验证模式是默认的验证模式，可以直接使用 Windows 的账户登录。SQL Server 中的 Windows 登录账户可以映射到单个用户、管理员创建的 Windows 组以及 Windows 内部组。

【例 11.1】利用 SSMS 创建 Windows 账户"WAK-20130913GXL\wintest"，其中"WAK-20130913GXL"是计算机名。

具体操作步骤如下：

（1）先创建操作系统用户账户 wintest，在桌面找到"计算机"图标，右击，在弹出的快捷菜单中选择"管理"命令，在打开的"计算机管理"窗口中展开"本地用户和组"→"用户"，右击，在弹出的快捷菜单中选择"新用户"，如图 11.3 所示。

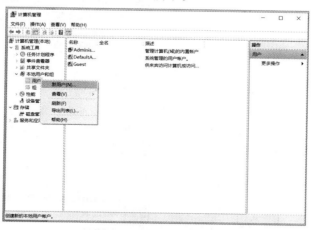

图 11.3　"计算机管理"窗口

（2）在打开的"新用户"对话框中，输入用户名、密码等其他用户信息，如图 11.4 所示，单击"创建"按钮，完成操作系统中新用户的创建。

（3）在操作系统中创建用户后，接着就要创建映射到该账户的 Windows 登录。

启动 SSMS 并连接到数据库服务器，在"对象资源管理器"中，依次展开"服务器实例"→"安全性"→"登录名"，右击"登录名"，在弹出的快捷菜单中选择"新建登录名"命令，如图 11.5 所示。

图 11.4 "新用户"对话框 　　　　　　　图 11.5 选择"新建登录名"命令

（4）在打开的"登录名-新建"对话框中，选择"Windows 身份验证"。在"登录名-新建"窗口"常规"选择页中，单击登录名右侧的"搜索"按钮，在打开的"选择用户或组"对话框中单击"高级"按钮，在打开的"选择用户或组"对话框中，通过"立即查找"按钮，找到刚才创建的 wintest 用户，单击"确定"按钮，完成用户映射，如图 11.6 和图 11.7 所示。

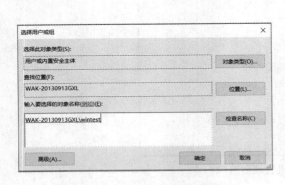

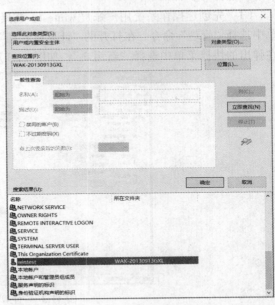

图 11.6 "选择用户或组"对话框 　　　　　图 11.7 选择 winteset 用户

（5）此时可以看到在"登录名-新建"窗口中，登录名中出现了 WAK-20130913GXL\wintest 的 Windows 登录账户，单击"确定"按钮，如图 11.8 所示，完成 Windows 登录账户的创建。刷新"安全性"→"登录名"结点，即可看到刚刚创建的 Windows 登录账户。

　　切换用户，以 Windows 用户 wintest 账户登录计算机，再次连接 SSMS 到 SQL Server 数据库服务器，选择"Windows 身份验证"，即可连接成功。

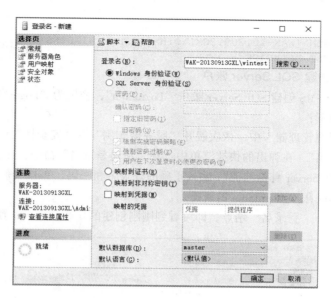

图 11.8　"登录名-新建"窗口

2. 使用 Transact-SQL 创建 Windows 账户

创建 Windows 账户的 Transact-SQL 语句是 CREATE LOGIN 语句，其基本语法如下：

```
CREATE LOGIN login_name { FROM <sources> }
<sources> ::=
    WINDOWS [ WITH <windows_options> [ ,… ] ]
    | CERTIFICATE certname
    | ASYMMETRIC KEY asym_key_name

<windows_options> ::=
    DEFAULT_DATABASE = database
    | DEFAULT_LANGUAGE = language
```

CREATE LOGIN 语句的参数及说明如表 11.1 所示。

表 11.1　CREATE LOGIN 语句的参数及说明

参　　数	说　　明
login_name	指定创建的登录名
WINDOWS	指定将登录名映射到 Windows 登录名
DEFAULT_DATABASE =database	指定将指派给登录名的默认数据库。如果未包括此选项，则默认数据库将设置为 master
DEFAULT_LANGUAGE =language	指定将指派给登录名的默认语言。如果未包括此选项，则默认语言将设置为服务器的当前默认语言。即使将来服务器的默认语言发生更改，登录名的默认语言也仍保持不变
CERTIFICATE certname	指定将与此登录名关联的证书名称。此证书必须已存在于 master 数据库中
ASYMMETRIC KEY asym_key_name	指定将与此登录名关联的非对称密钥的名称。此密钥必须已存在于 master 数据库中

【例 11.2】利用 Transact-SQL 创建 Windows 账户 "WAK-20130913GXL\winaa"，默认数据库为 "AMDB" 数据库。

SQL 语句如下：

```
CREATE LOGIN [WAK-20130913GXL\winaa] FROM WINDOWS
WITH DEFAULT_DATABASE = AMDB
```

3. 使用 SSMS 创建 SQL Server 账户

【例 11.3】利用 SSMS 创建 SQL Server 账户 "LoginSqla"，密码为 "Login*123456"。

具体操作步骤如下：

（1）在"对象资源管理器"中，依次展开"服务器实例" → "安全性" → "登录名"。

（2）右击"登录名"，在弹出的快捷菜单中选择"新建登录名"命令，在打开的"登录名-新建"窗口中选择"SQL Server 身份验证"，输入正确的登录名和密码，单击"确定"按钮，如图 11.9 所示，完成 SQL Server 账户 LoginSqla 的新建。

刷新"安全性" → "登录名"结点，即可看到刚刚创建的新 SQL Server 登录账户。

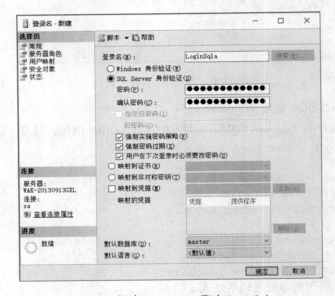

图 11.9　新建 SQL Server 账户 LoginSqla

4. 使用 Transact-SQL 创建 SQL Server 账户

创建 SQL Server 账户的 Transact-SQL 语句是 CREATE LOGIN 语句，其基本语法如下：

```
CREATE LOGIN login_name { WITH <option_list1> }
 <option_list1> ::=
PASSWORD = { 'password' | hashed_password HASHED } [ MUST_CHANGE ]
    [ , <option_list2> [ ,… ] ]

<option_list2> ::=
    SID = sid
    | DEFAULT_DATABASE = database
    | DEFAULT_LANGUAGE = language
    | CHECK_EXPIRATION = { ON | OFF}
    | CHECK_POLICY = { ON | OFF}
    | CREDENTIAL = credential_name
```

CREATE LOGIN 语句的参数及说明如表 11.2 所示。

表 11.2　CREATE LOGIN 语句的参数及说明

参　　数	说　　明
login_name	指定创建的登录名
PASSWORD ='password'	仅适用于 SQL Server 登录名。指定正在创建的登录名的密码。应使用强密码
PASSWORD =hashed_password	仅适用于 HASHED 关键字。指定要创建的登录名的密码的哈希值
HASHED	仅适用于 SQL Server 登录名。指定在 PASSWORD 参数后输入的密码已经过哈希运算。如果未选择此选项，则在将作为密码输入的字符串存储到数据库中之前，对其进行哈希运算
MUST_CHANGE	仅适用于 SQL Server 登录名。如果包括此选项，则 SQL Server 将在首次使用新登录名时提示用户输入新密码
CREDENTIAL =credential_name	将映射到新 SQL Server 登录名的凭据的名称。该凭据必须已存在于服务器中。当前此选项只将凭据链接到登录名。凭据不能映射到 sa 登录名
SID = sid	仅适用于 SQL Server 登录名。指定新 SQL Server 登录名的 GUID。如果未选择此选项，则 SQL Server 自动指派 GUID
DEFAULT_DATABASE =database	指定将指派给登录名的默认数据库。如果未包括此选项，则默认数据库将设置为 master
DEFAULT_LANGUAGE =language	指定将指派给登录名的默认语言。如果未包括此选项，则默认语言将设置为服务器的当前默认语言。即使将来服务器的默认语言发生更改，登录名的默认语言也仍保持不变
CHECK_EXPIRATION = { ON | OFF }	仅适用于 SQL Server 登录名。指定是否应对此登录账户强制实施密码过期策略。默认值为 OFF
CHECK_POLICY = { ON | OFF }	仅适用于 SQL Server 登录名。指定应对此登录名强制实施运行 SQL Server 的计算机的 Windows 密码策略。默认值为 ON

【例 11.4】利用 Transact-SQL 创建 SQL Server 账户"LoginSqlb"，密码为"Loginb&654"，默认语言为中文，默认数据库为 master 数据库。

SQL 语句如下：

```
CREATE LOGIN [LoginSqlb]
WITH PASSWORD='Loginb&654',
DEFAULT_DATABASE = master,
DEFAULT_LANGUAGE = [简体中文]
```

5．内置登录账户

在安装 SQL Server 实例的时候，安装程序会在计算机系统中创建一些 Windows 组，如"SQLServer2005SQLBrowserUser$WAK-20130913GXL"组和"SQLServerMSASUser$WAK-20130913 GXL$MSSQLSERVER"组，用来指定为 SQL Server 的关联账户。

与此同时，系统在 SQL Server 实例上创建内置 Windows 组的相关联的登录名，并授予不同的权限。以"NT"开头的登录名是用于启动 SQL Server 服务的内置系统用户，例如"NT Service\MSSQLSERVER"账户和"NT SERVICE\SQLSERVERAGENT"账户。

同时，在安装 SQL Server 时选择混合模式，在安装完成后 SQL Server 就自动建立"WAK-20130913GXL\Administrator"账户和"sa"（System Administrator）账户，如图 11.10 所示。这两个账户都拥有最高的管理权限，它们拥有服务器和所有的数据库，可以执行服务器范围内的所有操作，其中"sa"账户无法删除。

图 11.10　内置登录账户

11.3.2　修改登录账户

修改登录账户可以使用 SSMS 或者 Transact-SQL 语句两种方式。

1．使用 SSMS 修改登录账户

【例 11.5】利用 SSMS 修改登录账户"WAK-20130913GXL\winaa"，将其默认数据库修改为 master 数据库，默认语言修改为英语。

具体操作步骤如下：

（1）在"对象资源管理器"中，依次展开"服务器实例"→"安全性"→"登录名"。

（2）右击"WAK-20130913GXL\winaa"，在弹出的快捷菜单中选择"属性"命令，打开"登录属性"窗口。也可以双击"WAK-20130913GXL\winaa"账户打开"登录属性"窗口。

（3）在"窗口属性"窗口中设置新的默认数据库为"master"，设置新的语言为"English"，单击"确定"按钮，完成登录账户的修改，如图 11.11 所示。

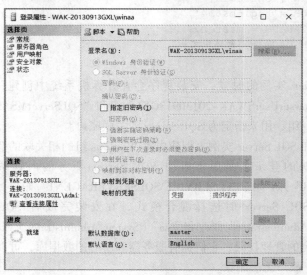

图 11.11　"登录属性"窗口

如果需要重命名 SQL Server 登录账户名，找到对应的账户，右击该账户，在弹出的快捷菜单中选择"重命名"命令，输入新的 SQL Server 账户名称即可完成登录账户的重命名。

2. 使用 Transact-SQL 修改登录账户

修改登录账户的 Transact-SQL 语句是 ALTER LOGIN 语句，其基本语法如下：

```
ALTER LOGIN login_name
    {
    <status_option>
    | WITH <set_option> [ ,… ]
    | <cryptographic_credential_option>
    } [;]

<status_option> ::=
        ENABLE | DISABLE

<set_option> ::=
    PASSWORD = 'password' | hashed_password HASHED
    [   OLD_PASSWORD = 'oldpassword'
      | <password_option> [<password_option>] ]
    ]
    | DEFAULT_DATABASE = database
    | DEFAULT_LANGUAGE = language
    | NAME = login_name
    | CHECK_POLICY = { ON | OFF }
    | CHECK_EXPIRATION = { ON | OFF }
    | CREDENTIAL = credential_name
    | NO CREDENTIAL

<password_option> ::=
    MUST_CHANGE | UNLOCK

<cryptographic_credentials_option> ::=
    ADD CREDENTIAL credential_name
  | DROP CREDENTIAL credential_name
```

ALTER LOGIN 语句的参数及说明如表 11.3 所示。

表 11.3　ALTER LOGIN 语句的主要参数及说明

参　　数	说　　明
login_name	指定正在更改的 SQL Server 登录名的名称
ENABLE | DISABLE	启用或禁用此登录名
NAME = login_name	正在重命名的登录的新名称。如果是 Windows 登录，则与新名称对应的 Windows 主体的 SID 必须匹配与 SQL Server 中的登录相关联的 SID。SQL Server 登录的新名称不能包含反斜杠字符（\）
NO CREDENTIAL	删除登录到服务器凭据的当前所有映射
UNLOCK	仅适用于 SQL Server 登录名。指定应解锁被锁定的登录名
ADD CREDENTIAL	将可扩展的密钥管理（EKM）提供程序凭据添加到登录名
DROP CREDENTIAL	删除登录名的可扩展密钥管理（EKM）提供程序凭据

【例 11.6】利用 Transact-SQL 修改登录账户"LoginSqla",将其名字重命名为"LoginSqlaNew"。
SQL 语句如下：

```
ALTER LOGIN [LoginSqlb] WITH NAME=[LoginSqlaNew]
```

11.3.3　删除登录账户

删除登录账户可以使用 SSMS 或者 Transact-SQL 语句两种方式。在删除登录账户的时候需要注意不能删除正在登录的登录名。也不能删除拥有任何安全对象、服务器级对象或 SQL Server 代理作业的登录名。

1．使用 SSMS 删除登录账户

【例 11.7】利用 SSMS 删除登录账户"WAK-20130913GXL\winaa"。

具体操作步骤如下：

（1）在"对象资源管理器"中，依次展开"服务器实例"→"安全性"→"登录名"。

（2）右击"WAK-20130913GXL\winaa"，在弹出的快捷菜单中选择"删除"命令，打开"删除对象"窗口，单击"确定"按钮，完成登录账户的删除，如图 11.12 所示。

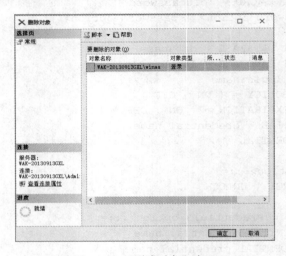

图 11.12　"删除对象"窗口

2．使用 Transact-SQL 修改登录账户

修改登录账户的 Transact-SQL 语句是 ALTER LOGIN 语句，其基本语法如下：

```
DROP LOGIN login_name
```

【例 11.8】利用 Transact-SQL 删除登录账户"LoginSqlaNew"。

SQL 语句如下：

```
DROP LOGIN [LoginSqlaNew]
```

11.4　创建和管理数据库用户

11.4.1　创建数据库用户

登录账户创建成功后，用户有了可以连接到 SQL Server 数据库引擎的权限，但是不一定具备访

问各个数据库的条件，因此，必须创建与登录名映射的数据库用户，以此来获得访问数据库的权限。

如果把数据库作为一个拥有无数房间的大楼，那么登录账户就是给予进入大楼的机会，而每个房间的钥匙就是数据库用户。

创建数据库用户可以使用 SSMS 或者 Transact-SQL 语句两种方式。

1. 使用 SSMS 创建数据库用户

【例 11.9】为 SQL Server 登录名"LoginSqlb"创建数据库"AMDB"的用户"AMDBLoginSqlb"。

具体操作步骤如下：

（1）首先验证账户"LoginSqlb"是否具有对数据库"AMDB"的访问和操作的权限。账户"LoginSqlb"是我们前面创建的 SQL Server 用户，默认数据库 master，默认语言简体中文。

启动 SSMS，以 SQL Server 账户"LoginSqlb"连接数据库服务器，如图 11.13 所示。

登录成功后，在"对象资源管理器"中，依次展开"服务器实例"→"数据库"→"AMDB"，发现无法展开 AMDB 数据库，弹出如图 11.14 所示的提示对话框，表示 SQL Server 账户"LoginSqlb"现在尚无访问数据库 AMDB 的权限。

切换回管理员"sa"账户给登录名"LoginSqlb"创建数据库"AMDB"用户，在"对象资源管理器"中，右击"服务器实例"，在弹出的快捷菜单中选择"断开连接"命令，在菜单中选择"文件"→"连接对象资源管理器"，以管理员"sa"账户登录数据库服务器引擎。

图 11.13　以 SQL Server 账户"LoginSqlb"验证连接

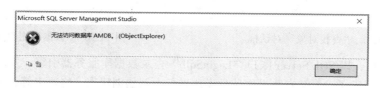

图 11.14　账户"LoginSqlb"尚无访问数据库 AMDB 的权限

（2）在"对象资源管理器"中，依次展开"服务器实例"→"数据库"→"AMDB"→"安全性"→"用户"，右击"用户"，在弹出的快捷菜单中选择"新建用户"命令，如图 11.15 所示。

（3）在打开的"数据库用户-新建"窗口的"常规"选择页中用户类型选择"带登录名的 SQL用户"，单击登录名右侧的"浏览"按钮，在打开的"选择登录名"对话框中单击"浏览"按钮，在打开的"查找对象"对话框匹配的对象中勾选"LoginSqlb"，单击"确定"按钮，完成登录用户到数据库用户的映射，如图 11.16 和图 11.17 所示。

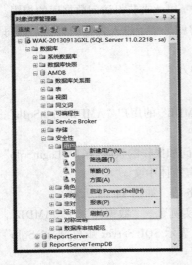

图 11.15　选择"新建用户"命令

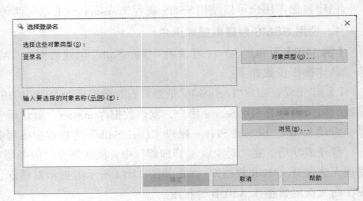

图 11.16　"选择登录名"对话框

（4）此时可以看到在"数据库用户–新建"窗口中，登录名中出现了"LoginSqlb"登录账户，在用户名中输入"AMDBLoginSqlb"，单击"确定"按钮，如图 11.18 所示，完成数据库用户"AMDBLoginSqlb"的创建。刷新"安全性"→"用户"结点，即可看到刚刚创建的数据库用户。

图 11.17　"查找对象"对话框

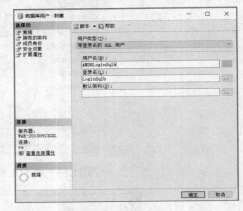

图 11.18　"数据库用户–新建"窗口

切换登录账户，以 SQL Server 账户"LoginSqlb"登录数据库服务器引擎，发现该用户已经可以访问 AMDB 数据库了，但是有些操作还是无法进行，例如创建表、修改表等，说明该用户的权限还不是很高。

2．使用 Transact-SQL 创建数据库用户

创建数据库用户的 Transact–SQL 语句是 CREATE USER 语句，其基本语法如下：

```
CREATE USER user_name
    [ { { FOR | FROM }
    {
    LOGIN login_name
    | CERTIFICATE cert_name
    | ASYMMETRIC KEY asym_key_name
```

```
}
| WITHOUT LOGIN
]
[ WITH DEFAULT_SCHEMA = schema_name ]
```

CREATE USER 语句的参数及说明如表 11.4 所示。

表 11.4　CREATE USER 语句的参数及说明

参　　数	说　　明
user_name	指定在此数据库中用于标识该用户的名称
LOGIN login_name	指定要为其创建数据库用户的 SQL Server 登录名
CERTIFICATE cert_name	指定要为其创建数据库用户的证书
ASYMMETRIC KEY asym_key_name	指定要为其创建数据库用户的非对称密钥
WITHDEFAULT_SCHEMA=schema_name	指定服务器为此数据库用户解析对象名时将搜索的第一个架构
WITHOUT LOGIN	指定不应将用户映射到现有登录名

【例 11.10】为登录名"WAK–20130913GXL\wintest"创建数据库"AMDB"的用户"AMDBwintest"。
SQL 语句如下：

```
USE AMDB
GO
CREATE USER [AMDBwintest] FOR LOGIN [WAK-20130913GXL\wintest]
```

3．内置数据库用户

在创建的任何一个数据库中均默认包含 dbo（Database Owner）和 guest 两个特殊用户，如图 11.19 所示。

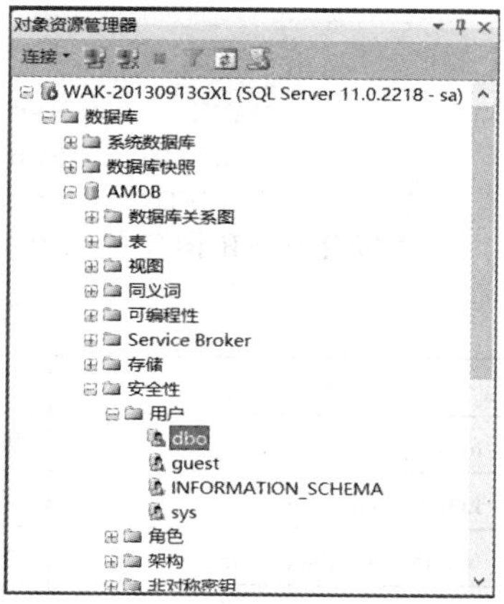

dbo 用户是数据库的拥有者。在系统安装时，dbo 用户就被设置到 model 数据库中，而且不能被删除。dbo 用户对应创建该数据库的登录账户，并且具有 db_owner 角色成员身份，而 db_owner 角色具有对所拥有数据库的全部权限。

Guest 用户是数据库的"访客"。所有非此数据库的用户都将以 guest 用户的身份访问数据库，拥有 guest 的所有权限。因此，对 guest 用户授予权限一定要慎重，默认情况下 guest 用户是没有什么权限的。

图 11.19　内置数据库用户

11.4.2　修改数据库用户

修改数据库用户可以使用 SSMS 或者 Transact–SQL 语句两种方式。

1．使用 SSMS 修改数据库用户

在 SSMS 中修改数据库用户的过程如下：

（1）在"对象资源管理器"中，依次展开"服务器实例"→"数据库"→要修改用户的数据库→"安全性"→"用户"。

（2）右击要修改的数据库用户，在弹出的快捷菜单中选择"属性"命令，打开"数据库用户"窗口。也可以双击数据库用户打开"数据库用户"窗口。在打开的"数据库用户"窗口中即可修改该数据库用户的成员身份等属性的修改，如图 11.20 所示。

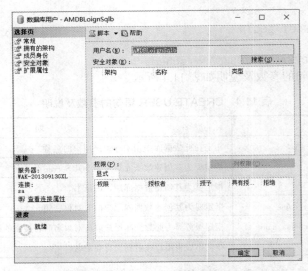

图 11.20 "数据库用户"窗口

2. 使用 Transact-SQL 修改数据库用户

修改数据库用户的 Transact-SQL 语句是 ALTER USER 语句，其基本语法如下：

```
ALTER USER userName
    WITH <set_item> [ ,…n ]

<set_item> ::=
    NAME = newUserName
    | DEFAULT_SCHEMA = schemaName
    | LOGIN = loginName
```

ALTER USER 语句的参数及说明如表 11.5 所示。

表 11.5 ALTER USER 语句的参数及说明

参　　数	说　　明
user_name	指定在此数据库中用于标识该用户的名称
LOGIN login_name	通过将用户的安全标识符（SID）更改为另一个登录名的 SID，使用户重新映射到该登录名
NAME =newUserName	指定此用户的新名称。newUserName 不能已存在于当前数据库中
DEFAULT_SCHEMA=schemaName	指定服务器在解析此用户的对象名时将搜索的第一个架构

11.4.3 删除数据库用户

删除数据库用户可以使用 SSMS 或者 Transact-SQL 语句两种方式。

1. 使用 SSMS 删除数据库用户

在 SSMS 中删除数据库用户的过程如下：

（1）在"对象资源管理器"中，依次展开"服务器实例"→"数据库"→要修改用户的数据库→"安全性"→"用户"。

（2）右击要修改的数据库用户，在弹出的快捷菜单中选择"删除"命令，即可完成数据库用户的删除。

2．使用 Transact-SQL 删除数据库用户

删除数据库用户的 Transact–SQL 语句是 DROP USER 语句，其基本语法如下：

```
DROP USER user_name
```

11.5　角　色　管　理

使用登录用户可以连接到服务器，使用数据库用户可以访问数据库，但是如果不为他们分配合适的权限，则依然很多操作无法进行。为便于管理数据库中的权限，SQL Server 提供了若干"角色"，这些角色是用于对其他主体进行分组的安全主体。它们类似于 Microsoft Windows 操作系统中的组。

11.5.1　服务器角色

服务器角色可以授予服务器管理的能力，服务器角色的权限作用于为整个服务器。用户可以将服务器级主体（SQL Server 登录名、Windows 账户和 Windows 组）添加到服务器级角色。

SQL Server 中有两种类型的服务器级角色：固定服务器角色和用户定义的服务器角色。

1．固定服务器角色

固定服务器角色的权限用户无权更改并且可以在数据库中不存在用户账户的情况下向固定服务器角色分配登录，固定服务器角色的每个成员都可以将其他登录名添加到该同一角色。用户定义的服务器角色无法将其他服务器主体添加到角色，但是可以将服务器级权限添加到用户定义的服务器角色。

在"对象资源管理器"中，依次展开"服务器实例"→"安全性"→"服务器角色"，即可看到系统创建的固定服务器角色，如图 11.21 所示。

图 11.21　固定服务器角色

SQL Server 提供了 9 种固定服务器角色，其角色的功能如表 11.6 所示。

表 11.6 固定服务器角色功能

服务器级别的角色名称	说　明
sysadmin	sysadmin 固定服务器角色的成员可以在服务器中执行任何活动
serveradmin	serveradmin 固定服务器角色的成员可以更改服务器范围内的配置选项并关闭服务器
securityadmin	securityadmin 固定服务器角色的成员管理登录名及其属性。它们可以 GRANT、DENY 和 REVOKE 服务器级权限，还可以 GRANT、DENY 和 REVOKE 数据库级权限（如果它们具有数据库的访问权限）。此外，它们还可以重置 SQL Server 登录名的密码
processadmin	processadmin 固定服务器角色的成员可以终止在 SQL Server 实例中运行的进程
setupadmin	setupadmin 固定服务器角色的成员可以使用 Transact-SQL 语句添加和删除链接服务器（在使用 Management Studio 时需要 sysadmin 成员资格）
bulkadmin	bulkadmin 固定服务器角色的成员可以运行 BULK INSERT 语句
diskadmin	diskadmin 固定服务器角色用于管理磁盘文件
dbcreator	dbcreator 固定服务器角色的成员可以创建、更改、删除和还原任何数据库
public	每个 SQL Server 登录名均属于 public 服务器角色。如果未向某个服务器主体授予或拒绝对某个安全对象的特定权限，该用户将继承授予该对象的 public 角色的权限。当用户希望该对象对所有用户可用时，只需对任何对象分配 public 权限即可。用户无法更改 public 中的成员关系

2．使用 SSMS 创建和删除用户定义的服务器角色

创建用户定义的服务器角色的成员要求具有 CREATE SERVER ROLE 权限，或者具有 sysadmin 固定服务器角色的成员身份。

还需要针对登录名的 server_principal 的 IMPERSONATE 权限、针对用作 server_principal 的服务器角色的 ALTER 权限或用作 server_principal 的 Windows 组的成员身份。

【例 11.11】创建用户定义的服务器角色"ServerRole-test"，并分配其创建和更改登录名的权限。

具体操作步骤如下：

（1）在"对象资源管理器"中，依次展开"服务器实例"→"安全性"→"服务器角色"，右击"服务器角色"，在弹出的快捷菜单中选择"新建服务角色"命令。

（2）在打开的"New Server Role"窗口中，输入服务器角色的名称"ServerRole-test"，在安全对象中授予查看定义和更改的权限，如图 11.22 所示。

【例 11.12】更改和删除用户定义的服务器角色"ServerRole-test"。

具体操作步骤如下：

（1）在"对象资源管理器"中，依次展开"服务器实例"→"安全性"→"服务器角色"→"ServerRole-test"。

（2）右击"ServerRole-test"，在弹出的快捷菜单中选择"属性"命令，打开"Server Role Properties"窗口。也可以双击"ServerRole-test"打开"Server Role Properties"窗口。在打开的"Server Role Properties"窗口中即可修改用户定义的服务器角色"ServerRole-test"。

（3）右击"ServerRole-test"，在弹出的快捷菜单中选择"删除"命令，即可完成用户定义的服务器角色"ServerRole-test"的删除。

图 11.22　"New Server Role" 窗口

3. 使用 Transact-SQL 创建和删除用户定义的服务器角色

（1）创建新的用户定义的服务器角色的 Transact-SQL 语句是 CREATE SERVER ROLE 语句，其基本语法如下：

```
CREATE SERVER ROLE role_name [ AUTHORIZATION server_principal ]
```

CREATE SERVER ROLE 语句的参数及说明如表 11.7 所示。

表 11.7　CREATE SERVER ROLE 语句的参数及说明

参　　数	说　　明
role_name	待创建的服务器角色的名称
AUTHORIZATION server_principal	将拥有新服务器角色的登录名。如果未指定登录名，则执行 CREATE SERVER ROLE 的登录名将拥有该服务器角色

（2）删除用户定义的服务器角色的 Transact-SQL 语句是 DROP SERVER ROLE 语句，其基本语法如下：

```
DROP SERVER ROLE role_name
```

【例 11.13】创建用户定义的服务器角色 "ServerRole-testsql"。

SQL 语句如下：

```
CREATE SERVER ROLE [ServerRole-testsql]
```

4. 使用 SSMS 为登录用户分配服务器角色

【例 11.14】为 SQL Server 登录名 "LoginSqlb" 分配固定服务器角色 "dbcreator"，使它拥有数据库管理员权限，能够完成在数据库中插入和修改数据库等任务。

具体操作步骤如下：

（1）在 "对象资源管理器" 中，依次展开 "服务器实例" → "安全性" → "服务器角色" → "dbcreator"。

（2）右击"dbcreator"，在弹出的快捷菜单中选择"属性"命令，打开"Server Role Properties"窗口。也可以双击"dbcreator"打开"Server Role Properties"窗口。

（3）在打开的"Server Role Properties"窗口中单击"添加"按钮，在打开的"选择服务器登录名或角色"对话框中单击"浏览"按钮，在打开的"查找对象"对话框中，匹配对象中勾选"LoginSqlb"，单击"确定"按钮，如图 11.23 和图 11.24 所示。

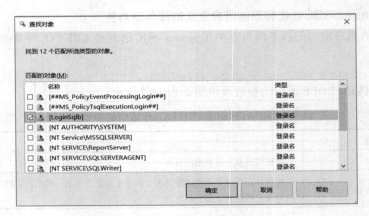

图 11.23 "选择服务器登录名或角色"对话框

图 11.24 "查找对象"对话框

（4）此时可以看到在"Server Role Properties"窗口中，角色成员中出现了"LoginSqlb"账户，如图 11.25 所示，完成为 SQL Server 登录名"LoginSqlb"分配固定服务器角色"dbcreator"的操作。

5. 使用 Transact-SQL 为登录用户分配服务器角色

更改服务器角色的成员身份，或者更改用户定义的服务器角色的名称的 Transact-SQL 语句是 ALTER SERVER ROLE 语句，其基本语法如下：

```
ALTER SERVER ROLE server_role_name
{
    [ ADD MEMBER server_principal ]
  | [ DROP MEMBER server_principal ]
  | [ WITH NAME = new_server_role_name ]
} [ ; ]
```

ALTER SERVER ROLE 语句的参数及说明如表 11.8 所示。

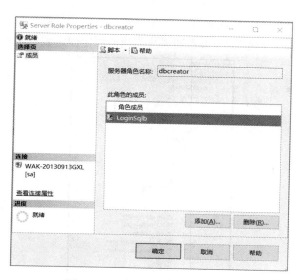

图 11.25　为 dbcreator 添加角色

表 11.8　ALTER SERVER ROLE 语句的参数及说明

参　　数	说　　明
server_role_name	要更改的服务器角色的名称
ADD MEMBER server_principal	将指定的服务器主体添加到服务器角色中。server_principal 可以是登录名或用户定义的服务器角色。server_principal 不能是固定服务器角色、数据库角色或 sa
DROP MEMBER server_principal	从服务器角色中删除指定的服务器主体
WITH NAME =new_server_role_name	指定用户定义的服务器角色的新名称

【例 11.15】为 Windows 登录名"WAK-20130913GXL\wintest"分配固定服务器角色"sysadmin"，使它拥有数据库管理员全部权限。

SQL 语句如下：

```
ALTER SERVER ROLE sysadmin  ADD MEMBER [WAK-20130913GXL\wintest]
```

11.5.2　数据库角色

数据库级角色的权限作用域为数据库范围，是针对某个具体数据库的权限分配。SQL Server 中有两种类型的数据库级角色：固定数据库角色和用户定义的数据库角色。

1．固定数据库角色

固定数据库角色是在数据库级别定义的具有预定义的权限，并且存在于每个数据库中。db_owner 和 db_securityadmin 数据库角色的成员可以管理固定数据库角色成员身份。但是，只有db_owner 数据库角色的成员能够向 db_owner 固定数据库角色中添加成员。msdb 数据库中还有一些特殊用途的固定数据库角色。

用户可以向数据库级角色中添加任何数据库账户和其他 SQL Server 角色。固定数据库角色的每个成员都可向同一个角色添加其他登录名。

在"对象资源管理器"中，依次展开"服务器实例"→"数据库"→实例数据库→"安全性"→"角色"→"数据库角色"，即可看到系统创建的固定固定数据库角色，如图 11.26 所示。

图 11.26 固定数据库角色

SQL Server 提供了 9 个固定数据库角色，其角色的功能如表 11.9 所示。

表 11.9 固定数据库角色功能

数据库级别的 角色名称	说　　明
db_owner	db_owner 固定数据库角色的成员可以执行数据库的所有配置和维护活动，还可以删除数据库
db_securityadmin	db_securityadmin 固定数据库角色的成员可以修改角色成员身份和管理权限。向此角色中添加主体可能会导致意外的权限升级
db_accessadmin	db_accessadmin 固定数据库角色的成员可以为 Windows 登录名、Windows 组和 SQL Server 登录名添加或删除数据库访问权限
db_backupoperator	db_backupoperator 固定数据库角色的成员可以备份数据库
db_ddladmin	db_ddladmin 固定数据库角色的成员可以在数据库中运行任何数据定义语言（DDL）命令
db_datawriter	db_datawriter 固定数据库角色的成员可以在所有用户表中添加、删除或更改数据
db_datareader	db_datareader 固定数据库角色的成员可以从所有用户表中读取所有数据
db_denydatawriter	db_denydatawriter 固定数据库角色的成员不能添加、修改或删除数据库内用户表中的任何数据
db_denydatareader	db_denydatareader 固定数据库角色的成员不能读取数据库内用户表中的任何数据

2. 使用 SSMS 创建数据库角色

【例 11.16】在成绩管理数据库 AMDB 中为了方便学生随时修改自己的信息，创建新的数据库角色 "AMDBstudentRole"，并分配其拥有对学生表 student 的插入和更改记录的权限。

具体操作步骤如下：

（1）在"对象资源管理器"中，依次展开"服务器实例"→"数据库"→"AMDB"→"安全性"→"角色"→"数据库角色"，右击"数据库角色"，在弹出的快捷菜单中选择"新建数据库角色"命令。

（2）在打开的"数据库角色–新建"窗口中，输入服务器角色的名称"AMDBstudentRole"，如图 11.27 所示。

图 11.27　"数据库角色–新建"窗口

（3）在"数据库角色–新建"窗口中，在左侧"选择页"中选择"安全对象"，单击"搜索"按钮，浏览找到表"student"，并授予其在 student 表上进行"插入"和"更改"的权利，如图 11.28 所示，完成数据库角色"AMDBstudentRole"的创建。

图 11.28　为数据库角色"AMDBstudentRole"授予权限

3. 使用 Transact-SQL 创建数据库角色

在当前数据库中创建新的数据库角色的 Transact-SQL 语句是 CREATE ROLE 语句，其基本语法如下：

```
CREATE ROLE role_name [ AUTHORIZATION owner_name ]
```

CREATE ROLE 语句的参数及说明如表 11.10 所示。

表 11.10　CREATE ROLE 语句的参数及说明

参　　数	说　　明
role_name	待创建角色的名称
AUTHORIZATION owner_name	将拥有新角色的数据库用户或角色。如果未指定用户，则执行 CREATE ROLE 的用户将拥有该角色

【例 11.17】 创建新的数据库角色"AMDBsqlRole"。

SQL 语句如下：

```
USE AMDB
GO
CREATE  ROLE AMDBsqlRole
```

4. 使用 SSMS 为数据库用户分配数据库角色

【例 11.18】 在成绩管理数据库 AMDB 中，将数据库用户"AMDBLoginSqlb"分配给新建的数据库角色"AMDBstudentRole"。

具体操作步骤如下：

（1）在"对象资源管理器"中，依次展开"服务器实例"→"数据库"→"AMDB"→"安全性"→"用户"→"AMDBLoginSqlb"。

（2）右击"AMDBLoginSqlb"，在弹出的快捷菜单中选择"属性"命令，打开"数据库用户"窗口。

（3）在"数据库用户"窗口左侧选择页中选择"成员身份"，在"数据库角色成员身份"列表中勾选"AMDBstudentRole"，完成数据库角色成员分配，如图 11.29 所示。

图 11.29　为"AMDBLoginSqlb"指定数据库角色

5. 使用 Transact-SQL 为数据库用户分配数据库角色

向数据库角色中添加成员或更改用户定义的数据库角色名的 Transact-SQL
语句是 ALTER ROLE 语句，其基本语法如下：

```
ALTER ROLE role_name
{
    [ ADD MEMBER database_principal ]
    | [ DROP MEMBER database_principal ]
    | WITH NAME = new_name
}
```

ALTER ROLE 语句的参数及说明如表 11.11 所示。

表 11.11　ALTER ROLE 语句的参数及说明

参　　数	说　　明
role_name	要更改的角色的名称
ADD MEMBEdatabase_principal	将指定的数据库主体添加到数据库角色中
DROP MEMBER database_principal	从数据库角色中删除指定的数据库主体
WITH NAME =new_name	指定用户定义的角色的新名称

【例 11.19】从数据库角色"AMDBstudentRole"中将数据库用户"AMDBLoginSqlb"删除。
SQL 语句如下：

```
USE AMDB
GO
ALTER ROLE AMDBstudentRole  DROP MEMBER AMDBLoginSqlb
```

11.5.3　应用程序角色

应用程序角色是一个数据库主体，它使应用程序能够用其自身的、类似用户的权限来运行。
使用应用程序角色，可以只允许通过特定应用程序连接的用户访问特定数据。与数据库角色不同
的是，应用程序角色默认情况下不包含任何成员，而且是非活动的。因为应用程序角色是数据库
级主体，所以它们只能通过其他数据库中为 guest 授予的权限来访问这些数据库。因此，其他数
据库中的应用程序角色将无法访问任何已禁用 guest 的数据库。

1. 使用 SSMS 创建应用程序角色

【例 11.20】在成绩管理数据库 AMDB 中，创建应用程序角色"AMDBappRole"，并分配其
"db_ddladmin"和"db_owner"架构。

具体操作步骤如下：

（1）在"对象资源管理器"中，依次展开"服务器实例"→"数据库"→"AMDB"→"安
全性"→"数据库角色"，右击"数据库角色"，在弹出的快捷菜单中选择"新建数据库角色"
命令。

（2）在打开的"应用程序角色-新建"窗口中，输入应用程序角色的名称"AMDBappRole"，
在此前拥有的架构列表中勾选"db_ddladmin"和"db_owner"架构，如图 11.30 所示。

2. 使用 Transact-SQL 创建应用程序角色

向当前数据库中添加应用程序角色的 Transact-SQL 语句是 CREATE APPLICATION ROLE 语
句，其基本语法如下：

```
CREATE APPLICATION ROLE application_role_name
    WITH PASSWORD = 'password' [ , DEFAULT_SCHEMA = schema_name ]
```

CREATE APPLICATION ROLE 语句的参数及说明如表 11.12 所示。

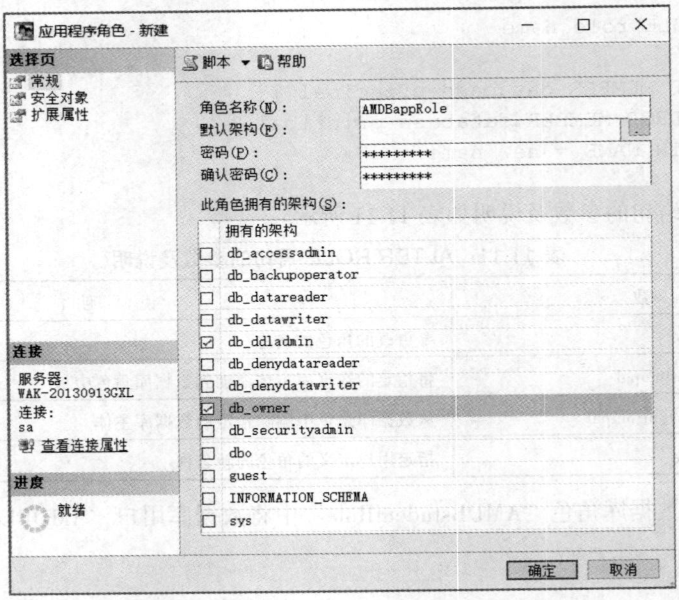

图 11.30 "应用程序角色-新建"窗口

表 11.12 CREATE APPLICATION ROLE 语句的参数及说明

参　　数	说　　明
application_role_name	指定应用程序角色的名称
PASSWORD ='password'	指定数据库用户将用于激活应用程序角色的密码。应始终使用强密码
DEFAULT_SCHEMA =schema_name	指定服务器在解析该角色的对象名时将搜索的第一个架构。如果未定义 DEFAULT_SCHEMA，则应用程序角色将使用 DBO 作为其默认架构

【例 11.21】在成绩管理数据库 AMDB 中，创建应用程序角色"AMDBappsql"，密码为"appSQL&*12"，采用 dbo 为默认架构。

SQL 语句如下：

```
USE AMDB
GO

CREATE APPLICATION ROLE AMDBappsql
WITH PASSWORD = 'appSQL&*12' , DEFAULT_SCHEMA = dbo
```

11.6 权 限 管 理

11.6.1 权限概述

用户若要进行任何涉及更改数据库定义或访问数据的活动，则必须有相应的权限。SQL Server 2012 中，不同的对象有不同的权限，权限管理包括以下三个方面的内容：授予权限、拒绝权限和撤销权限。

在 SQL Server 2012 中，根据是否为系统预定义，可以把权限分为预定义权限和自定义权限。按照权限与特定对象的关系，可以把权限分为针对所有对象的权限和针对特殊对象的权限。

1．预定义权限和自定义权限

预定义权限是指系统安装以后有些用户和角色不必授权就有的权限。固定服务器角色和固定数据库角色就是属于预定义权限。

自定义权限是指需要经过授权或者继承才能取得的权限，大多数安全主题都要经过授权才能获得指定对象的使用权。

2．所有对象权限和针对特殊对象的权限

所有对象权限是可以针对 SQL Server 2012 中的所有数据库对象，CONTROL 权限可以作用于所有对象。

特殊对象的权限是指某些只能在特定对象上执行的权限。例如，SELECT 可以作用于表或者视图，但是不可以作用于存储过程，而 EXEC 权限只能作用于存储过程，而不能作用于表或者视图。

11.6.2　授予权限

1．使用 SSMS 授予权限

【例 11.22】在成绩管理数据库 AMDB 中，给数据库用户"AMDBLoginSqlb"授予"创建架构"和"创建类型"的权限。

具体操作步骤如下：

（1）在"对象资源管理器"中，依次展开"服务器实例"→"数据库"→"AMDB"，右击"AMDB"，在弹出的快捷菜单中选择"属性"命令。

（2）在打开的"数据库属性–AMDB"窗口中，在左侧的选择页选择"权限"，在"AMDBLoginSqlb"的权限列表中，勾选"创建架构"和"创建类型"的授予权限，如图 11.31 所示。

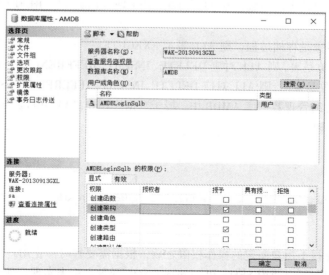

图 11.31　给"AMDBLoginSqlb"授予权限

2. 使用 Transact-SQL 授予权限

为了允许用户执行某些操作，需要授予相应的权限。授予权限的 Transact-SQL 语句是 GRANT 语句，其基本语法如下：

```
GRANT { ALL [ PRIVILEGES ] }
      | permission [ ( column [ ,...n ] ) ] [ ,...n ]
      [ ON [ class :: ] securable ] TO principal [ ,...n ]
      [ WITH GRANT OPTION ] [ AS principal ]
```

GRANT 语句的参数及说明如表 11.13 所示。

表 11.13 GRANT 语句的参数及说明

参　　数	说　　明
ALL	授予 ALL 参数相当于授予不同权限
PRIVILEGES	包含此参数是为了符合 ISO 标准。请不要更改 ALL 的行为
permission	权限的名称
column	指定表中将授予权限的列的名称。需要使用圆括号()
class	指定将授予权限的安全对象的类。作用域限定符::是必需的
securable	指定将授予权限的安全对象
TO principal	主体的名称
GRANTOPTION	指示被授权者在获得指定权限的同时还可以将指定权限授予其他主体。
AS principal	指定一个主体，执行该查询的主体从该主体获得授予该权限的权利。

授予 ALL 参数相当于授予以下权限：

（1）如果安全对象是数据库，则 ALL 对应 BACKUP DATABASE、BACKUP LOG、CREATE DATABASE、CREATE DEFAULT、CREATE FUNCTION、CREATE PROCEDURE、CREATE RULE、CREATE TABLE 和 CREATE VIEW。

（2）如果安全对象是标量函数，则 ALL 对应 EXECUTE 和 REFERENCES。

（3）如果安全对象是表值函数，则 ALL 对应 DELETE、INSERT、REFERENCES、SELECT 和 UPDATE。

（4）如果安全对象是存储过程，则 ALL 表示 EXECUTE。

（5）如果安全对象是表，则 ALL 对应 DELETE、INSERT、REFERENCES、SELECT 和 UPDATE。

（6）如果安全对象是视图，则 ALL 对应 DELETE、INSERT、REFERENCES、SELECT 和 UPDATE。

【例 11.23】在成绩管理数据库 AMDB 中，授予数据库用户"AMDBLoginSqlb"对 teacher 表的 SELECT、INSERT 权限。

SQL 语句如下：

```
USE AMDB
GO
GRANT  SELECT,INSERT ON teacher TO AMDBLoginSqlb
```

11.6.3 拒绝权限

拒绝权限可以在授予用户制定的操作权限之后，根据需要暂时停止用户对指定数据库对象的访问或操作。拒绝权限可以使用 SSMS 和 Transact-SQL 两种方法来实现，使用 SSMS 拒绝权限就是在授予权限的窗口进行设置即可。

拒绝权限的 Transact-SQL 语句是 DENY 语句，其基本语法如下：

```
DENY { ALL [ PRIVILEGES ] }
    | permission [ ( column [ ,…n ] ) ] [ ,…n ]
    [ ON [ class :: ] securable ] TO principal [ ,…n ]
    [ CASCADE] [ AS principal ]
```

【例 11.24】在成绩管理数据库 AMDB 中，拒绝"AMDBLoginSqlb"用户的"创建类型"的权限。

SQL 语句如下：

```
USE AMDB
GO
DENY  CREATE TYPE TO AMDBLoginSqlb
```

11.6.4　撤销权限

撤销权限可以删除某个用户已经授予的权限。撤销权限可以使用 SSMS 和 Transact-SQL 两种方法来实现，使用 SSMS 撤销权限就是在授予权限的窗口进行设置即可。

撤销权限的 Transact-SQL 语句是 REVOKE 语句，其基本语法如下：

```
REVOKE [ GRANT OPTION FOR ]
    {
      [ ALL [ PRIVILEGES ] ]
      | permission [ ( column [ ,…n ] ) ] [,…n ]
    }
    [ ON [ class :: ] securable ]
    { TO | FROM } principal [,…n ]
    [ CASCADE] [ AS principal ]
```

【例 11.25】在成绩管理数据库 AMDB 中，撤销"AMDBLoginSqlb"用户对 teacher 表的 SELECT 权限。

SQL 语句如下：

```
USE AMDB
GO
REVOKE SELECT ON teacher TO AMDBLoginSqlb
```

11.7　架 构 管 理

11.7.1　架构概述

在 SQL Server 2012 中，架构不再等效于数据库用户；现在，每个架构都是独立于创建它的数据库用户存在的不同命名空间。也就是说，架构只是对象的容器。任何用户都可以拥有架构，并且架构所有权可以转移。所以数据库对象的完整名称的结构是服务器.数据库.架构.对象。

所有权与架构的分离具有重要的意义：

（1）架构的所有权和架构范围内的安全对象可以转移。

（2）对象可以在架构之间移动。

（3）单个架构可以包含由多个数据库用户拥有的对象。

（4）多个数据库用户可以共享单个默认架构。

（5）架构可以由任何数据库主体拥有。这包括角色和应用程序角色。

（6）可以删除数据库用户而不删除相应架构中的对象。

（7）在创建数据库对象时，如果将某一有效的域主体（用户或组）指定为对象所有者，则该域主体将作为架构添加到数据库中。这个新架构将为该域主体所拥有。

11.7.2 创建架构

1. 使用 SSMS 创建架构

【例 11.26】在成绩管理数据库 AMDB 中，利用 SSMS 创建架构"AMDBsche"。

具体操作步骤如下：

（1）在"对象资源管理器"中，依次展开"服务器实例"→"数据库"→"AMDB"→"安全性"→"架构"。

（2）右击"架构"，在弹出的快捷菜单中选择"新建架构"命令，打开"架构-新建"窗口，输入架构的名字"AMDBsche"，如图 11.32 所示，单击"确定"按钮完成架构的创建。

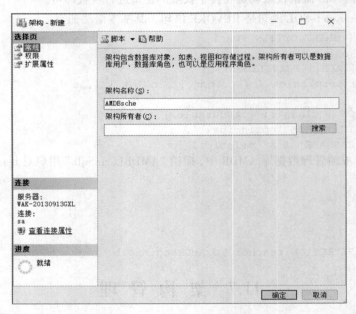

图 11.32 "架构-新建"窗口

2. 使用 Transact-SQL 创建架构

在当前数据库中创建架构的 Transact-SQL 语句是 CREATE SCHEMA 语句，其基本语法如下：

```
CREATE SCHEMA schema_name_clause
<schema_name_clause> ::=
    {
    schema_name
    | AUTHORIZATION owner_name
    | schema_name AUTHORIZATION owner_name
    }
```

CREATE SCHEMA 语句的参数及说明如表 11.14 所示。

表 11.14　CREATE SCHEMA 语句的参数及说明

参　　数	说　　明
schema_name	在数据库内标识架构的名称
AUTHORIZATION owner_name	指定将拥有架构的数据库级主体的名称
grant_statement	指定可对除新架构外的任何安全对象授予权限的 GRANT 语句
revoke_statement	指定可对除新架构外的任何安全对象撤销权限的 REVOKE 语句
deny_statement	指定可对除新架构外的任何安全对象拒绝授予权限的 DENY 语句

【例 11.27】在成绩管理数据库 AMDB 中创建架构"AMDBschSql"。

SQL 语句如下：

```
USE AMDB
GO
CREATE SCHEMA AMDBschSql
```

11.7.3　修改架构

1. 使用 SSMS 修改架构

【例 11.28】在成绩管理数据库 AMDB 中，修改架构"AMDBsche"，添加"AMDBappRole"应用程序角色，并授予其具有授予插入的权限。

具体操作步骤如下：

（1）在"对象资源管理器"中，依次展开"服务器实例"→"数据库"→"AMDB"→"安全性"→"架构"→"AMDBsche"。

（2）右击"AMDBsche"，在弹出的快捷菜单中选择"属性"命令，打开"架构属性"窗口。

（3）在打开的"架构属性"窗口的"权限"选择页中用户或角色中选择"搜索"，在打开的"选择用户或角色"对话框中单击"浏览"按钮，打开的"查找对象"对话框中匹配对象中勾选"AMDBappRole"应用程序角色，单击"确定"按钮，完成应用程序角色的添加，如图 11.33 和图 11.34 所示。

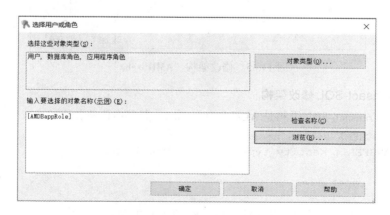

图 11.33　"选择用户或角色"对话框

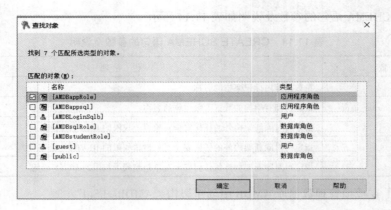

图 11.34　查找应用程序角色"AMDBappRol"

（4）返回"架构属性"窗口，可以看到应用程序角色"AMDBappRol"已经被添加进来，在 AMDBappRol 的权限中，勾选插入的"具有授予权限"，完成架构的修改，如图 11.35 所示。

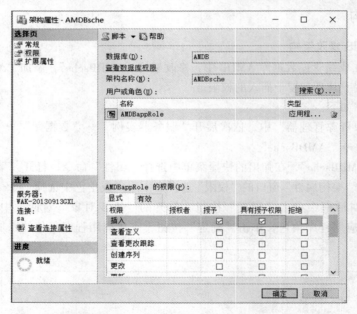

图 11.35　修改架构"AMDBsche"

2. 使用 Transact-SQL 修改架构

修改架构的 Transact-SQL 语句是 ALTER SCHEMA，其基本语法如下：

```
ALTER SCHEMA schema_name
    TRANSFER [ <entity_type> :: ] securable_name [;]

<entity_type> ::=
    {
        Object | Type | XML Schema Collection
    }
```

ALTER SCHEMA 语句的参数及说明如表 11.15 所示。

表 11.15　ALTER SCHEMA 语句的参数及说明

参　　数	说　　明
schema_name	当前数据库中的架构名称，安全对象将移入其中
<entity_type>	更改其所有者的实体的类
securable_name	要移入架构中的架构包含安全对象的一部分或两部分名称

【例 11.29】在成绩管理数据库 AMDB 中，修改架构"AMDBschSql"，将视图"View_course"从架构"dbo"传输到架构"AMDBschSql"。

SQL 语句如下：

```
USE AMDB
GO
ALTER  SCHEMA AMDBschSql TRANSFER dbo.View_course
```

以上代码执行成功后，即可将视图"View_course"从"dbo"架构移动到"AMDBschSql"架构，如图 11.36 所示。

图 11.36　修改架构后的视图"View_course"

11.7.4　删除架构

1．使用 SSMS 删除架构

在"对象资源管理器"中，依次展开"服务器实例"→"数据库"→架构所在数据库→"安全性"→"架构"→要删除的架构。

右击要删除的架构，在弹出的快捷菜单中选择"删除"命令，即可完成架构的删除。

2．使用 Transact-SQL 删除架构

从数据库中删除架构的 Transact-SQL 语句是 DROP SCHEMA，其基本语法如下：

```
DROP SCHEMA schema_name
```

【例 11.30】在成绩管理数据库 AMDB 中，删除架构"AMDBsche"。

SQL 语句如下：

```
USE AMDB
GO
DROP SCHEMA AMDBsche
```

小　　结

本章主要介绍了数据库的安全管理，包括安全验证方式，创建和管理登录账户，创建和管理数据库用户，服务器角色管理，数据库角色管理，应用程序角色管理，权限的授予、拒绝和撤销，架构的概述，创建架构，修改架构和删除架构等。

习　题

一、选择题

1. SQL Server 支持两种身份验证模式，即 Windows 身份验证模式和（　　　）。
　　A. Windows NT 身份验证模式　　　　　B. SQL Server 身份验证模式
　　C. Windows ME 身份验证模式　　　　　D. 混合模式

2. 服务器角色 sysadmin 可以在（　　　）。
　　A. 服务器中执行任何活动　　　　　　　B. 在数据库中有全部权限
　　C. 可以添加或者删除用户　　　　　　　D. 可以更改数据库内任何用户表中的结构

3. 下列（　　　）可能是 Windows 登录账户名。
　　A. [acomp/winuser]　　　　　　　　　　B. winuser
　　C. [acomp\winuser]　　　　　　　　　　D. acomp\winuser

4. 关于登录名和数据库用户，下列（　　　）不正确。
　　A. 登录名是服务器级创建的，数据库用户是在数据库级创建的
　　B. 数据库用户和登录名必须同名
　　C. 创建数据库用户时必须存在一个登录名
　　D. 一个登录名可以对应多个数据库用户

5. 关于角色的说法错误的是（　　　）。
　　A. 用户既可以创建服务器角色，也可以创建数据库角色
　　B. SQL Server 提供了服务器角色和数据库角色
　　C. 应用程序角色默认情况下包含 guest 成员
　　D. 通过角色可以为用户获取权限

6. 如果希望所有的数据库用户都拥有某个权限，则应该将该权限授予（　　　）。
　　A. dbo　　　　　　B. sysadmin　　　　　C. guset　　　　　D. public

7. 撤销权限的 Transact-SQL 语句是（　　　）。
　　A. CREATE　　　　B. GRANT　　　　C. REVOKE　　　D. DENY

8. 如果希望所有的连接上 SQL Server 服务器的用户都拥有某个数据库权限，则应该将该权限授予（　　　）。
　　A. dbo　　　　　　B. sysadmin　　　　　C. guset　　　　　D. public

二、简答题

1. 登录用户和数据库用户有何区别和联系？
2. 如何使新建的普通的 window 用户登录到 SQL Server 服务器？
3. SQL Server 2012 中的安全机制分为基层？每一层的作用是什么？
4. SQL Server 2012 中的管理权限的命令有哪几个？
5. 架构的作用是什么？用户拥有的架构和默认的架构有什么不同？

第 12 章 数据库的恢复与传输

尽管采取了一系列安全措施来保证数据库的安全性，但在实际使用过程中往往会有一些不确定的情况发生，例如计算机系统的各种软硬件故障、人为破坏和用户误操作等，这就有可能导致数据的丢失、服务器瘫痪等严重后果。对数据库进行定期备份可以在发生意外时使用备份的数据进行还原，尽可能降低损失，也可以利用数据的导入和导出向导进行数据的传输。

通过本章的学习，您将掌握以下知识及技能：

（1）了解数据库备份与恢复的概念。

（2）掌握数据库备份的方法。

（3）能够根据数据库实际情况选择合理的恢复机制。

（4）能够在 SQL Server 数据库与其他数据源之间进行数据的传输。

12.1 数据库的备份和还原

数据库在使用过程中如果出现意外产生数据丢失会造成很大的损失，为此，数据库管理员应针对具体的业务要求制定详细的数据库备份与灾难恢复策略，并通过模拟故障对每种可能的情况进行严格测试，只有这样才能保证数据的高可用性。

数据库的备份是一个有规律的长期过程，只有进行了正确的数据库备份，才能在发生事故后进行数据库恢复，恢复可以看作备份的逆过程，恢复的程度的好坏很大程度上依赖于备份的情况。

12.1.1 备份类型

备份就是对数据库结构和对象的复制，以便在数据库遭到破坏时能够及时修复数据库。在 SQL Server 2012 中的备份类型主要有完整备份、差异备份、文件备份、日志备份。

（1）完整备份（full backup）：包含特定数据库或者一组特定的文件组或文件中的所有数据，以及可以恢复这些数据的足够的日志。

（2）差异备份（differential backup）：基于完整数据库或部分数据库以及一组数据文件或文件组的最新完整备份的数据备份（差异基准），仅包含自差异基准以来发生了更改的数据区。部分差异备份仅记录自上一次部分备份（差异基准）以来文件组中发生更改的数据区。

（3）文件备份（file backup）：一个或多个数据库文件或文件组的备份。

（4）日志备份（log backup）：包括以前日志备份中未备份的所有日志记录的事务日志备份。

12.1.2 恢复模式

恢复模式可以保证在数据库发生故障时恢复相关的数据库。SQL Server 2012 中包括三种恢复模式，分别是简单恢复模式、完整恢复模式和大容量日志恢复模式。

（1）简单恢复模式：只允许数据库恢复到上一次的备份。这种模式的备份策略由完整备份和差异备份组成。简单恢复模式能够提高磁盘的可用空间，但是该模式无法将数据库还原到故障点或者特定的时间点。

（2）完整恢复模式：允许将数据库恢复到故障点状态。这种模式下所有操作被写入日志，例如大容量的操作和大容量的数据加载，数据库和日志都将被备份，因为日志记录了全部事务，所以可以将数据库还原到特定时间点。

（3）大容量日志恢复模式：允许大容量日志操作。大容量日志恢复模式是对完全恢复模式的补充。对于某些大型操作，它比完全恢复模式性能更高。占用的日志空间会更少，但是灵活性稍差。

12.1.3 进行数据库备份

下面以成绩管理数据库 AMDB 为例，介绍如何建立备份设备、完整备份、差异备份和事务日志备份。

【例 12.1】为成绩管理数据库 AMDB 建立备份设备，逻辑设备名 "AMDBBACKUP"，物理名为 "D:\备份\成绩管理\AMDBBACKUP.bak"

具体操作步骤如下：

（1）在"对象资源管理器"中，依次展开"服务器实例"→"服务器对象"→"备份设备"。

（2）右击"备份设备"，在弹出的快捷菜单中选择"新建备份设备"命令，如图 12.1 所示。刷新"服务器对象"→"备份设备"结点，即可看到刚刚创建的备份设备"AMDBBACKUP"。

（3）在"备份设备"窗口中设置备份设备名称为"AMDBBACKUP"，目标选择文件，并设置存储路径为 D:\备份\成绩管理\AMDBBACKUP.bak，完成备份设备的建立，如图 12.2 所示。

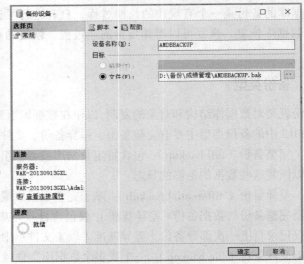

图 12.1　选择"新建备份设备"命令　　　　图 12.2　"备份设备"窗口

【例 12.2】对成绩管理数据库 AMDB 进行完整数据库备份。

具体操作步骤如下：

（1）在"对象资源管理器"中，依次展开"服务器实例"→"数据库"→"AMDB"。

（2）右击"AMDB"，在弹出的快捷菜单中选择"任务"→"备份"命令，打开"备份数据库"窗口。

（3）在"备份数据库"窗口的"常规"选择页中，选择"备份类型"为"完整"，在"备份集"选项区域中，选择备份集过期时间为晚于"40 天"，添加备份设备"AMDBBACKUP"，如图 12.3 所示。

（4）在"备份数据库"窗口的"选项"选择页中，选择"覆盖介质"为"覆盖所有现有备份集"，如图 12.4 所示，单击"确定"按钮，完成完整备份。

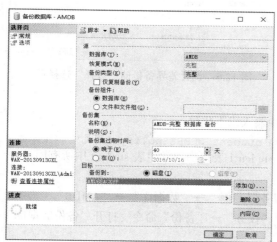
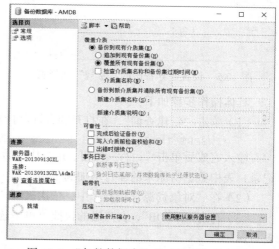

图 12.3　"备份数据库"的"常规"选择页　　　　图 12.4　"备份数据库"的"选项"选择页

【例 12.3】在成绩管理数据库 AMDB 中，创建两个表，一个表 student1，包含学生表中所有女生记录；一个表是 student2，包含学生表中所有党员记录。这时成绩管理数据库中的数据已经发生了变化，对成绩管理数据库 AMDB 进行差异数据库备份。

具体操作步骤如下：

（1）单击"新建查询"，在打开的查询设计器中输入以下代码：

```
SELECT * INTO student1 FROM student WHERE stu_sex='女'
SELECT * INTO student2 FROM student WHERE polity='党员'
```

输入完成后单击"运行"按钮，执行成功后分别生成包含学生表中所有女生记录的 student1 表和包含学生表中所有党员记录的 student2 表。

（2）在"对象资源管理器"中，依次展开"服务器实例"→"数据库"→"AMDB"。

（3）右击"AMDB"，在弹出的快捷菜单中选择"任务"→"备份"命令，打开"备份数据库"窗口。

（4）在"备份数据库"窗口的"常规"选择页中选择"备份类型"为"差异"，如图 12.5 所示。

（5）在"备份数据库"窗口的"选项"选择页中，选择"覆盖介质"为"追加到现在设备集"，如图 12.6 所示，单击"确定"按钮，完成差异备份。

【例 12.4】在成绩管理数据库 AMDB 中，将学生表 student 中所有团员的记录批量插入 student1 表中。对成绩管理数据库 AMDB 进行事务日志备份。

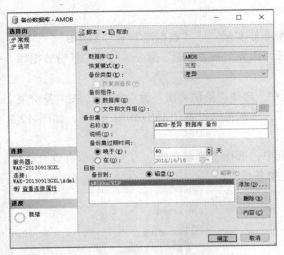

图 12.5　设置差异备份的"常规"选择页　　　　图 12.6　设置差异备份的"选择"选择页

具体操作步骤如下：

（1）单击"新建查询"，在打开的查询设计器中输入以下代码：

```
INSERT INTO student1 SELECT * FROM student WHERE polity='团员'
```

输入完成后单击"运行"按钮，执行成功后向 student1 表追加了学生表 student 中所有团员的记录，表中数据由原来的 4 行增加到了 10 行。

（2）在"对象资源管理器"中，依次展开"服务器实例"→"数据库"→"AMDB"。

（3）右击"AMDB"，在弹出的快捷菜单中选择"任务"→"备份"命令，打开"备份数据库"窗口。

（4）在"备份数据库"窗口的"常规"选择页中选择"备份类型"为"事务日志"，如图 12.7所示。

（5）在"备份数据库"窗口的"选项"选择页中选择"覆盖介质"为"追加到现有设备集"，选择"事务日志"为"截断事务日志"，如图 12.8 所示，单击"确定"按钮，完成差异备份。

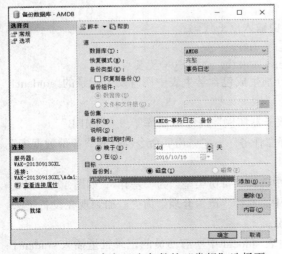

图 12.7　设置事务日志备份的"常规"选择页

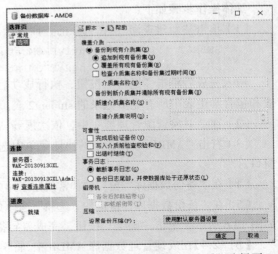

图 12.8　设置事务日志备份的"选项"选择页

12.1.4　进行数据库还原

在系统出现一些意外，故障或者被关闭之后，当用户重新启动它的时候，SQL Server 将自动启动还原数据保持数据的一致性。当用户手动恢复操作之前，应当验证设备的有效性，确认设备中是否包含有效信息，并且在执行某些特定耽误以后重新恢复进程。

恢复数据是一个装载数据库备份、应用事务日志重建的过程。下面继续以成绩管理数据库 AMDB 为例，介绍如何根据实际情况进行数据库还原。

【例 12.5】现在成绩管理数据库 AMDB 中，由于操作员的操作失误，使得 student、student1 和 student2 表被误删除了，现在想恢复到三个表都存在，并且 student1 表中有 4 行记录的数据库状态。

具体操作步骤如下：

（1）在"对象资源管理器"中，依次展开"服务器实例"→"数据库"→"AMDB"。

（2）右击"AMDB"，在弹出的快捷菜单中选择"任务"→"还原"→"数据库"命令，打开"还原数据库"窗口。

（3）在"还原数据库"窗口的"常规"选择页中，选择"源设备"为"AMDBBACKUP"，选择要还原的设备集为完整备份和差异备份，如图 12.9 所示。

（4）在"还原数据库"窗口的"选项"选择页中，选择"还原选项"为"覆盖现有数据库"，如图 12.10 所示，单击"确定"按钮，完成数据库还原。

（5）依次展开"服务器实例"→"数据库"→"AMDB"→表，可以看到三个表都已经恢复了，右击"student1"表，在弹出的快捷菜单中选择"编辑前 200 行"命令，打开表中数据，确认是否恢复到 4 行数据的状态，如图 12.11 所示。

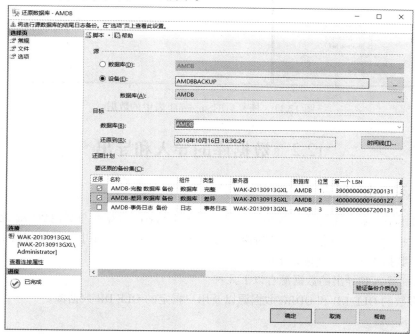

图 12.9　"还原数据库"的"常规"选择页

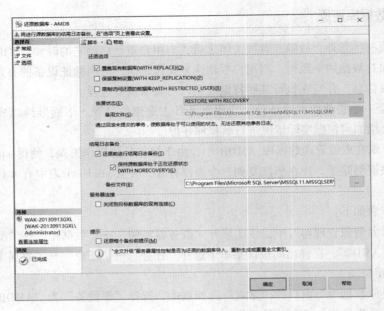

图 12.10　"还原数据库"的"选项"选择页

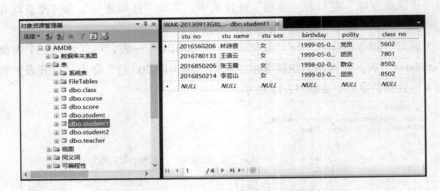

图 12.11　恢复后的 student1 表中的数据

12.2　数据库的导入和导出

12.2.1　导入和导出概述

通过 SQL Server 提供的导入和导出向导可以在 SQL Server 数据库与其他数据源之间进行数据传输。导入数据指的是把其他系统处理的数据引入 SQL Server 数据库中。导出数据指的是将数据从 SQL Server 数据库中引到其他系统中。

SQL Server 导入和导出的数据源有以下几种：

（1）大多数的 OLE DB 和 ODBC 数据源以及用户指定的 OLE DB 数据源。

（2）SQL Server。

（3）平面文件。

（4）flat files。

（5）Microsoft Office Access。

（6）Microsoft Office Excel。

SQL Server 导入和导出向导提供了最低限度的转换功能。除了支持在新的目标表和目标文件中设置列的名称、数据类型和数据类型属性之外，SQL Server 导入和导出向导不支持任何列级转换。

SQL Server 导入和导出向导使用 Integration Services 提供的映射文件来将数据类型从一个数据库版本或系统映射到另一个数据库版本或系统。例如，它可以从 SQL Server 映射到 Oracle。

如果业务需要在数据类型之间进行不同的映射，则可以更新映射以影响向导所执行的映射。例如，在将数据从 SQL Server 传输到 DB2 时，如果想让 SQL Server nchar 数据类型映射到 DB2 GRAPHIC 数据类型而不是 DB2 VARGRAPHIC 数据类型，则应当将 SqlClientToIBMDB2.xml 映射文件中的 nchar 映射更改为使用 GRAPHIC 而不是 VARGRAPHIC。

Integration Services 包括很多常用源和目标组合之间的映射，可以在映射文件目录中添加新的映射文件，以支持其他源和目标。新的映射文件必须遵守所发布的 XSD 架构，并在源和目标的唯一组合之间进行映射。

12.2.2　进行数据库的导出

【例 12.6】在成绩管理数据库 AMDB 中，将学生表 student 中的男生数据导出为 Excel 文件。

具体操作步骤如下：

（1）在"对象资源管理器"中，依次展开"服务器实例"→"数据库"→"AMDB"。

（2）右击"AMDB"，在弹出的快捷菜单中选择"任务"→"导出数据"命令，进入"SQL Server 导入和导出向导"窗口，单击"下一步"按钮开始导出数据。

（3）在"选择数据源"页中，数据源选择"SQL Server Native Client 11.0"，数据库选择"AMDB"，如图 12.12 所示。然后单击"下一步"按钮。

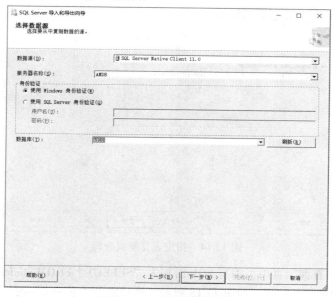

图 12.12　选择数据源

（4）在"选择目标"页中，设置目标为"Microsoft Excel"，选择 student.xlsx 文件，勾选"首行包含列名称"复选框，如图 12.13 所示。然后单击"下一步"按钮。

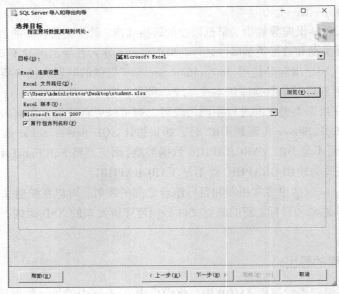

图 12.13　选择目标

（5）在"指定表复制或查询"页中，选择"编写查询以指定要传输的数据"单选按钮，如图 12.14 所示。然后单击"下一步"按钮。

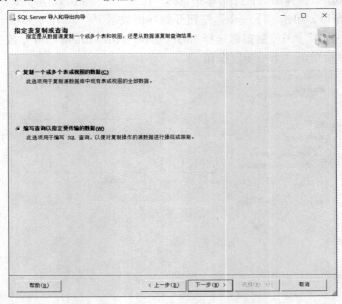

图 12.14　指定表复制或查询

（6）在"提供源查询"页中，编写 SQL 语句为"SELECT * FROM student WHERE stu_sex='男'"，检索学生表中的男生记录，如图 12.15 所示。然后单击"下一步"按钮。

（7）在"选择源表和源视图"页中，数据源显示为刚刚写入的查询，单击"预览"按钮，确认查询语句是否正确，如图 12.16 所示。确认无误后单击"确定"按钮，单击"下一步"按钮。

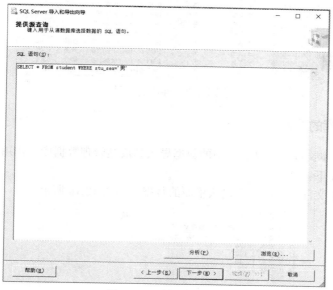

图 12.15　提供源查询

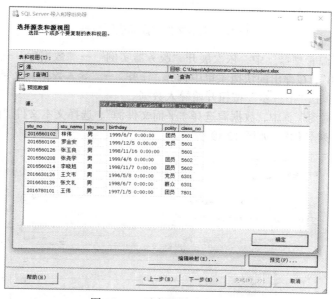

图 12.16　选择源表和源视图

（8）在"查看数据映射"页中，列出了源数据中的各列与目标数据的对应。在"保存并运行包"页中，可以选择是否需要保存以上操作所设置的 SSIS 包。最后在"完成该向导"页中，单击"完成"按钮，弹出"执行成功"页，完成数据的导出。

（9）导出数据后，打开 Excel 文件 student.xlsx，可以看到刚刚导出的学生表中的男生数据，如图 12.17 所示。

	A	B	C	D	E	F
1	stu_no	stu_name	stu_sex	birthday	polity	class_no
2	2016560102	林伟	男	1999-06-07 00:00:00	团员	5601
3	2016560106	罗金安	男	1999-12-05 00:00:00	党员	5601
4	2016560126	张玉良	男	1998-11-16 00:00:00		5601
5	2016560208	张尧学	男	1999-04-06 00:00:00	团员	5602
6	2016560214	李晓旭	男	1998-11-07 00:00:00	团员	5602
7	2016630126	王文韦	男	1996-05-08 00:00:00	党员	6301
8	2016630139	张文礼	男	1998-06-07 00:00:00	群众	6301
9	2016780101	王伟	男	1997-01-05 00:00:00	团员	7801

图 12.17   导出的结果

12.2.3   进行数据库的导入

【例 12.7】将文本文件"商品表"中的数据导入到成绩管理数据库 AMDB 中。

具体操作步骤如下：

（1）先打开文本文件"商品表"确认里面的数据，如图 12.18 所示。

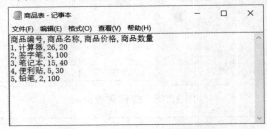

图 12.18   文本文件"商品表"数据

（2）在"对象资源管理器"中，依次展开"服务器实例"→"数据库"→"AMDB"。

（3）右击"AMDB"，在弹出的快捷菜单中选择"任务"→"导入数据"命令，进入"SQL Server 导入和导出向导"，单击"下一步"按钮开始导入数据。

（4）在"选择数据源"页中，数据源选择"平面文件源"，选择文本文件"商品表"，勾选"在第一个数据行中显示列名称"，如图 12.19 所示。

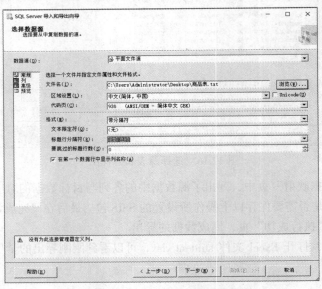

图 12.19   选择文本文件数据源

（5）在"选择数据源"页中选择左侧的"列"，查看数据导入格式是否正确，如图 12.20 所示。这里显示正确，如果不正确可以调整列分隔符来达到满意效果。然后单击"下一步"按钮。

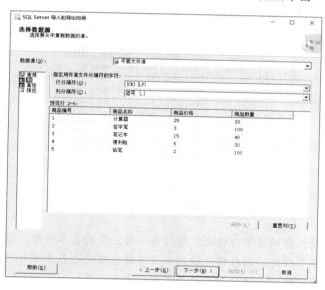

图 12.20　文本文件数据源预览结果

（6）在"选择目标"页中，设置目标为"SQL Server Native Client"，数据库选择"AMDB"。然后单击"下一步"按钮。

（7）在"选择源表和源数据"页中，单击"预览"按钮，确认导入结果是否正确，确认无误后单击"确定"按钮，单击"下一步"按钮。

（8）在"保存并运行包"页中，可以选择是否需要保存以上操作所设置的 SSIS 包，如图 12.21 所示。单击"下一步"按钮。

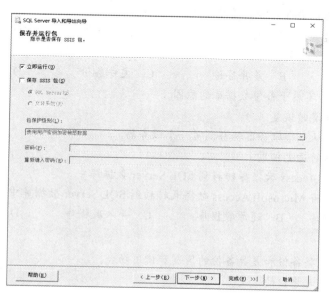

图 12.21　保存并运行包

（9）在“完成该向导”页中，单击“完成”按钮，弹出“执行成功”页，完成数据的导入。

（10）导入数据后，依次展开“服务器实例”→“数据库”→“AMDB”→“表”，可以看到“商品表”已经被导入成功，右击“商品表”，在弹出的快捷菜单中选择“编辑前 200 行”命令，打开表中数据进行查看，所有数据都被导入成功，如图 12.22 所示。

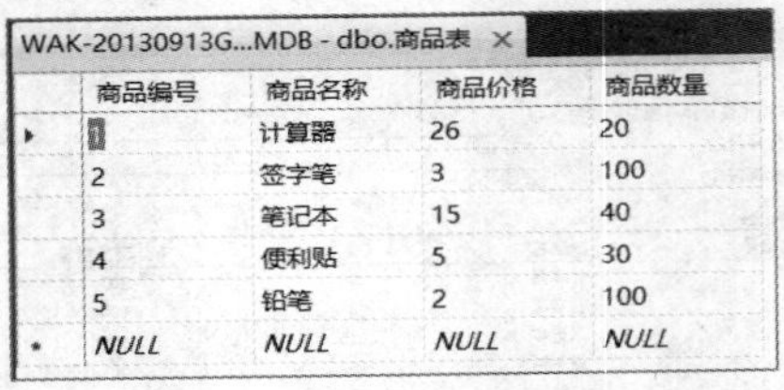
WAK-20130913G...MDB - dbo.商品表 ×

	商品编号	商品名称	商品价格	商品数量
▸	1	计算器	26	20
	2	签字笔	3	100
	3	笔记本	15	40
	4	便利贴	5	30
	5	铅笔	2	100
*	NULL	NULL	NULL	NULL

图 12.22　导入的“商品表”

小　结

本章主要介绍了数据库的恢复与传输，包括备份与还原的基本概念，简单恢复模式、完整恢复模式、大容量日志恢复模式，根据实际情况如何选择合理的还原策略和方法，进行数据库的备份与还原，导入和导出的概述、进行数据的导入和导出操作等。

习　题

一、选择题

1. (　　) 包含特定数据库或者一组特定的文件组或文件中的所有数据，以及可以恢复这些数据的足够的日志。

　A. 完整备份　B. 差异备份　C. 文件备份　D. 日志备份

2. 在做数据库差异备份之前，需要做(　　)。

　A. 完整备份　B. 差异备份　C. 文件备份　D. 日志备份

3. (　　) 最耗费时间。

　A. 完整备份　B. 差异备份　C. 文件备份　D. 日志备份

4. 下列(　　)不属于备份数据库的原因。

　A. 数据库崩溃时恢复

　B. 将数据库从一个服务器转移到另一个服务器

　C. 记录数据的历史档案

　D. 将数据从 Access 数据库转移到 SQL Server 数据库中

5. (　　) 可以将 Microsoft Access 数据表转移到 SQL Server 数据库中。

　A. 附加数据库　B. 还原数据库　C. 导入数据库　D. 数据库快照

二、简答题

1. 简述数据库完整备份和差异备份的区别和使用场合。
2. 简述数据导入与导出的定义。

第13章 图书租借系统数据库设计

SQL Server 2012 数据库的使用十分广泛，很多系统后台都采用了 SQL Server 存储和管理数据。本章主要讲述图书租借系统数据库设计过程。通过本章的学习，可以在图书租借系统设计过程中学会如何使用 SQL Server 2012 进行一个完整的数据库设计与开发。

通过本章的学习，您将掌握以下知识及技能：

（1）了解图书租借系统的概念。

（2）掌握如何设计和实现图书租借数据库表。

（3）掌握如何设计和实现图书租借数据库的视图和索引。

（4）掌握如何设计和实现图书租借数据库的存储过程和触发器。

（5）掌握如何进行图书租借数据库安全性设置。

13.1 系统概述

本章介绍的是一个图书租借系统。图书租借系统主要是为了解决图书租借的繁重工作、解决传统的人工管理方式的各种弊端、节省人力与物力来开发和实现的一个高效的、管理科学、查询方便、借阅简单、信息化管理的系统。

图书租借系统主要实现的功能包括图书管理、会员管理、租借管理、管理员管理，如图 13.1 所示。

（1）图书管理功能主要包括添加图书、删除图书、修改图书、检索图书、显示全部图书等。

（2）会员管理功能主要包括会员注册、会员修改、会员查找、会员删除、会员充值、会员查询。

（3）租借管理的功能主要包括租借图书、租借查询、租借设置。

（4）管理员是整个系统的后台维护人员，可以实现各种对象（表、视图等）的新增、查看、修改和维护等功能。

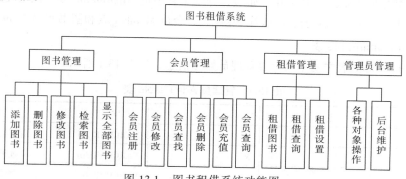

图 13.1　图书租借系统功能图

13.2　数据库设计

数据库设计是整个图书租借系统中重要的一个环节，如果数据库设计的不够合理，将会对后续工作造成很大的影响。

图书租借数据库设计中主要考虑的是设计哪些表、表中包含哪些字段、字段如何设置完整性，设计哪些视图、索引、存储过程、触发器等数据库对象，最后还要考虑数据库的安全性设置。

13.2.1　设计表

图书租借系统的所有表都存放在图书租借数据库 bookren 中，创建 bookrent 数据的 SQL 语句如下：

```
CREATE DATABASE bookrent
ON  PRIMARY
(
 NAME=bookrent,
 FILENAME='D:\data\bookrent.mdf',
 SIZE=30MB,
 MAXSIZE=UNLIMITED,
 FILEGROWTH=10%
),
(
 NAME=bookrent1,
 FILENAME='D:\data\bookrent1.ndf',
 SIZE=20MB,
 MAXSIZE=10GB,
 FILEGROWTH=10MB
)

LOG ON                                    --创建日志文件
(
 NAME=bookrent_log,
 FILENAME='E:\log\bookrent_log.log',
 SIZE=15MB,
 MAXSIZE=UNLIMITED,
 FILEGROWTH=5%
)
```

图书租借数据库 bookren 中共有 7 张表，分别是管理员 Admintable 表、图书 Book 表、作者 Author 表、图书类别 Category 表、出版社 Press 表、会员 Member 表和图书租借 Rent 表。

1.　管理员 Admintable 表

管理员 Admintable 表主要用来存放管理员账号信息，如表 13.1 所示。

表 13.1　管理员 Admintable 表

字　段　名	主　键	允　许　空	字　段　类　型	描　述
adminNo	Y	N	VARCHAR(10)	管理员编号
adminName		N	VARCHAR(30)	管理员姓名
adminPassword		N	VARCHAR(40)	管理员密码

根据表 13.1 的内容创建管理员 Admintable 表，创建 Admintable 表的 SQL 语句如下：

```
CREATE TABLE Admintable
(
adminNo        VARCHAR(10)  PRIMARY KEY,
adminName      VARCHAR(30)  NOT NULL,
adminPassword  VARCHAR(40)  NOT NULL,
)
```

2. 图书 Book 表

图书 Book 表主要用来存放图书的各种信息，如表 13.2 所示。

表 13.2　图书 Book 表

字 段 名	主 键	允 许 空	字 段 类 型	描 述
bookNo	Y	N	VARCHAR(6)	图书编号
bookName		N	VARCHAR(40)	图书名称
bookIntro		N	VARCHAR(200)	图书简介
authorNo		N	VARCHAR(10)	作者编号
categoryNo		N	VARCHAR(10)	图书类别编号
pressNo		N	VARCHAR(10)	出版社编号
ISBN		N	VARCHAR(30)	ISBN 号，唯一性约束
price		N	DECIMAL(4,2)	价格
pubDate		N	DATETIME	出版日期
amount		Y	VARCHAR(3)	数量
bookStatus		N	CHAR(1)	状态（可出借/无法出借）默认为 1，可出借
comment		Y	VARCHAR(100)	图书评论

根据表 13.2 的内容创建图书 Book 表，创建 Book 表的 SQL 语句如下：

```
CREATE TABLE Book
(
bookNo      VARCHAR(6)    PRIMARY KEY,
bookName    VARCHAR(40)   NOT NULL,
bookIntro   VARCHAR(200)  NOT NULL,
authorNo    VARCHAR(10)   NOT NULL,
categoryNo  VARCHAR(10)   NOT NULL,
pressNo     VARCHAR(10)   NOT NULL,
ISBN        VARCHAR(30)   NOT NULL UNIQUE,
price       DECIMAL(4,2),
pubDate     DATETIME,
amount      VARCHAR(3)    NULL,
bookStatus  CHAR(1)       DEFAULT '1',
comment     VARCHAR(100),
Foreign KEY(authorNo)    REFERENCES Author(authorNo),
Foreign KEY(categoryNo)  REFERENCES Category(categoryNo),
Foreign KEY( pressNo)    REFERENCES Press(pressNo)
)
```

3．作者 Author 表

作者 Author 表主要用来存放作者的各种信息，如表 13.3 所示。

表 13.3 作者 Author 表

字 段 名	主 键	允 许 空	字 段 类 型	描 述
authorNo	Y	N	VARCHAR(10)	作者编号
authorName		N	VARCHAR(30)	作者姓名
authorSex		N	CHAR(2)	作者性别，设置检查约束，范围（男，女）
authorIntro		Y	VARCHAR(200)	作者简介

根据表 13.3 的内容创建作者 Author 表，创建 Author 表的 SQL 语句如下：

```
CREATE TABLE Author
(
authorNo      VARCHAR(10)   PRIMARY KEY,
authorName    VARCHAR(30)   NOT NULL,
authorSex     CHAR(2)       NOT NULL CHECK(memberSex in ('男','女'),
authorIntro   VARCHAR(200)  NULL
)
```

4．图书类别 Category 表

图书类别 Category 表主要用来存放图书类型的信息，如表 13.4 所示。

表 13.4 图书类别 Category 表

字 段 名	主 键	允 许 空	字 段 类 型	描 述
categoryNo	Y	N	VARCHAR(10)	图书分类编号
categoryName			VARCHAR(30)	图书列表名称

根据表 13.4 的内容创建图书类别 Category 表，创建 Category 表的 SQL 语句如下：

```
CREATE TABLE  Category
(
categoryNo   VARCHAR(10) PRIMARY KEY,
categoryName VARCHAR(30) NOT NULL,
)
```

5．出版社 Press 表

出版社 Press 表主要用来存放出版社的各种信息，如表 13.5 所示。

表 13.5 出版社 Press 表

字 段 名	主 键	允 许 空	字 段 类 型	描 述
pressNo	Y	N	VARCHAR(10)	出版社编号
pressName		N	VARCHAR(30)	出版社名称

根据表 13.5 的内容创建出版社 Press 表，创建 Press 表的 SQL 语句如下：

```
CREATE TABLE  Press
(
pressNo   VARCHAR(10) PRIMARY KEY,
pressName VARCHAR(30) NOT NULL
```

)

6. 会员 Member 表

会员 Member 表主要用来存放管理员账号信息，如表 13.6 所示。

表 13.6　会员 Member 表

字　段　名	主　　键	允　许　空	字　段　类　型	描　　述
memberNo	Y	N	VARCHAR(6)	会员编号
memberName		N	VARCHAR(40)	会员姓名
memberPassword		N	VARCHAR(40)	会员密码
memberSex		N	CHAR(2)	会员性别，设置检查约束，范围（男，女）
memberTel		N	VARCHAR(11)	会员电话号码
memberAddress		N	VARCHAR(50)	会员地址
memberCount			Int	会员借书数量
memberBalance			DECIMAL(4,2)	会员余额

根据表 13.6 的内容创建会员 Member 表，创建 Member 表的 SQL 语句如下：

```
CREATE TABLE Member
(
memberNo        VARCHAR(6)     PRIMARY KEY,
memberName      VARCHAR(40)     NOT NULL,
memberPassword  VARCHAR(40)      NOT NULL,
memberSex       CHAR(2)         NOT NULL CHECK(memberSex in ('男','女')),
memberTel       VARCHAR(11)     NOT NULL,
memberAddress   VARCHAR(50)      NOT NULL,
memberCount     int,
memberBalance   DECIMAL(4,2)
)
```

7. 图书租借 Rent 表

图书租借 Rent 表主要用来存放管理员账号信息，如表 13.7 所示。

表 13.7　图书租借 Rent 表

字　段　名	主　　键	允　许　空	字　段　类　型	描　　述
memberNo	Y	N	VARCHAR(6)	管理员编号
bookNo	Y	N	VARCHAR(6)	管理员姓名
borrdowDate		Y	Datetime	借书日期
returnDate		Y	Datetime	还书日期

根据表 13.7 的内容创建图书租借 Rent 表，创建 Rent 表的 SQL 语句如下：

```
CREATE TABLE Rent
(
memberNo        VARCHAR(6),
bookNo          VARCHAR(6),
borrdowDate     Datetime,
returnDate      Datetime,
PRIMARY KEY(memberNo,bookNo),
```

```
Foreign KEY(memberNo ) REFERENCES Member(memberNo),
Foreign KEY(bookNo)      REFERENCES Book(bookNo)
)
```

在创建表的过程中，也指定了各种约束，比如主键约束、外键约束、默认值约束、唯一性约束、检查约束等，这几个表之间的关系如图 13.2 所示。

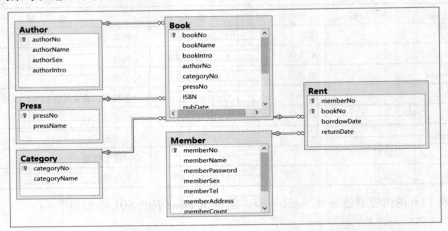

图 13.2　图书租借数据库 bookren 中的数据库关系图

13.2.2　设计视图

视图是一种常用的数据库对象，它将查询的结果以虚拟表的形式存储在数据库。在图书租借数据库 bookren 中，经常进行查询的内容往往会来源于几个表的结果。例如，要查询图书信息一般要结合图书 Book 表、作者 Author 表、图书类别 Category 表和出版社 Press 表。为了更方便直接地进行信息查询，可以将频繁查询的数据生成视图，方便用户对数据的操作。

图书租借数据库 bookren 中进行图书信息检索和借书信息检索，根据实际需求，创建图书信息视图 BookInfo 和借书订单视图 OrderInfo。

1.图书信息视图 BookInfo

图书信息视图 BookInfo 主要是检索图书编号、图书名称、图书简介、图书分类、作者姓名、作者简介、出版社名称、图书 ISBN、价格、日租金、出版日期、图书数量和图书状态。创建 BookInfo 视图的 SQL 语句如下：

```
CREATE VIEW BookInfo
AS
SELECT    bookNo AS '图书编号', bookName AS '图书名称',
          bookIntro AS '图书简介',categoryName AS '图书分类',
          authorName AS '作者姓名', authorIntro AS '作者简介',
          pressName AS '出版社名称', ISBN AS '图书 ISBN',price AS '价格',
          price*0.01 AS '日租金', pubDate AS '出版日期',amount AS '图书数量',
          CASE bookStatus
          WHEN 1 THEN '可以出借'
          WHEN 0 THEN '无法出借'
          END  AS '图书状态'
FROM  Book,Author,Press,Category
```

```
WHERE    Book.authorNo=Author.authorNO    AND      Book.categoryNo=Category.
categoryNo
          AND  Book.pressNo=Press.pressNo
```

2. 借书订单视图 OrderInfo

借书订单视图 OrderInfo 主要是检索会员姓名、图书名称、图书简介、作者姓名、出版社名称、图书 ISBN、借书日期、还书日期、借书天数、日租金、总租金。创建 OrderInfo 视图的 SQL 语句如下：

```
CREATE VIEW OrderInfo
AS
SELECT  memberName  AS '会员姓名', 图书名称, 图书简介,作者姓名,出版社名称,图书
ISBN,
        borrdowDate AS '借书日期', returnDate AS '还书日期' ,
        Datediff(day,borrdowDate, returnDate ) AS '借书天数',日租金,
        Datediff(day,borrdowDate, returnDate ) *日租金 AS '总租金'
FROM Rent,Member,BookInfo
WHERE Rent.memberNo=Member.memberNo  AND Rent.bookNo =BookInfo.图书编号
```

13.2.3　设计索引

索引是建立在表上、对数据库中一列或者多列的值进行排序的一种结构。建立合理的索引可以提高检索的速度。图书租借数据库 bookren 中经常进行图书和会员的信息检索，并且一般都是利用图书名称或者会员姓名进行检索，为了提高检索速度，就要在这些经常被检索的字段上建立索引。

图书 Book 表和会员 Membe 表上建立索引的 SQL 语句如下：

```
--在图书 Book 表上利用 bookName 字段建立索引
CREATE UNIQUE INDEX Index_Book
ON Book (bookName)
WITH
FILLFACTOR=20

--在会员 Member 表上利用 memberName 字段建立索引
CREATE  INDEX Index_Member
ON Member (memberName)
WITH
FILLFACTOR=10
```

13.2.4　设计存储过程

存储过程是一组编译好的、存储在服务器上、能够完成特定功能的 Transact-SQL 语句集合。图书租借数据库 bookren 中经常要根据图书的名称和会员的编号进行查询等，根据实际情况，创建存储过程 book_namesearch、menber_nosearch 和 member_minbalance。

1. 存储过程 book_namesearch

存储过程 book_namesearch 的功能是根据给定的图书名称，进行模糊查询，给出图书的图书编号、图书名称、图书简介、图书分类、作者姓名、作者简介、出版社名称、图书 ISBN、价格、日租金、出版日期、图书数量和图书状态等信息。创建存储过程 book_namesearch 的 SQL 语句如下：

```
CREATE  PROCEDURE book_namesearch
```

```
@bookName VARCHAR(40)
AS
  SELECT *
  FROM BookInfo
  WHERE 图书名称 like '%'+@bookName+'%'
GO
```

2．存储过程 menber_Nosearch

存储过程 menber_Nosearch 的功能是根据给定的会员编号，进行查询，给出会员编号、会员姓名、账户余额、图书名称、图书简介、作者姓名、出版社名称、图书 ISBN、借书日期、还书日期、借书天数、总租金、距离还书日期的天数等信息。创建存储过程 menber_Nosearch 的 SQL 语句如下：

```
CREATE PROCEDURE  menber_Nosearch
@memberno VARCHAR(6)
AS
  SELECT  Member.memberNo  AS '会员编号', memberName  AS '会员姓名',
          memberBalance AS '账户余额', 图书名称, 图书简介,作者姓名,
          出版社名称,图书 ISBN,borrdowDate AS '借书日期',
          returnDate AS '还书日期',Datediff(day,borrdowDate, returnDate ) AS
'借书天数',
          Datediff(day,borrdowDate, returnDate ) *日租金 AS '总租金',
          Datediff(day,getdate() ,returnDate) AS '距离还书日期的天数'
  FROM  Rent,Member,BookInfo
  WHERE Rent.memberNo=Member.memberNo  AND Rent.bookNo =BookInfo.图书编号
        AND  Member.memberNo=@memberno
```

3．存储过程 member_minbalance

存储过程 member_minbalance 的功能是检查会员的余额，当余额小于 0 时，给出"您的账户余额不足 10 元，请尽快充值续费"的提示。创建存储过程 member_minbalance 的 SQL 语句如下：

```
CREATE PROCEDURE member_minbalance
@memberno VARCHAR(6)
AS
  IF (SELECT  memberBalance FROM Member WHERE memberNo=@memberno)<10
  Print '您的账户余额不足 10 元，请尽快充值续费'
```

13.2.5 设计触发器

触发器是一种特殊的存储过程，主要通过事件进行触发而被执行。触发器可以用于约束、默认值和规则的完整性检查。图书租借数据库 bookren 中要设置会员借书数目的上限，以及图书的借阅状态，根据实际情况，创建触发器 member_maxrent 和 book_Status。

1．触发器 member_maxrent

触发器 member_maxrent 的功能是检查会员的借书数量，当借书超过 15 本时，不允许借书。创建触发器 member_maxrent 的 SQL 语句如下：

```
CRETE TRIGGER member_maxrent
ON  Member
AFTER insert,update
AS
  DECLARE  @memberno VARCHAR(6)
  SELECT  @memberno=memberno FROM inserted
```

```
IF (SELECT memberCount FROM Member WHERE memberNo=@memberno)>15
 BEGIN
   RAISERROR('超过借书上限 15 本，请归还图书后再借书',16,1)
   ROLLBACK TRANSACTION
 END
```

2．触发器 book_Status

触发器 book_Status 的功能是检查图书的库存，当库存小于 0 时，更改图书状态 bookStatus 为 0，设置为不能出借状态。创建触发器 book_Status 的 SQL 语句如下：

```
CREATE TRIGGER book_Status
ON  Book
AFTER delete,update
AS
  DECLARE  @bookno VARCHAR(6), @amount VARCHAR(3)
  SELECT  @bookno =bookNo   FROM deleted
  SELECT  @amount=amount FROM  Book WHERE bookNo  =@bookno
  IF @amount<1
  BEGIN
   UPDATE Book SET  bookStatus=0 WHERE  bookNo  =@bookno
   Print '请尽快补充图书'
  END
```

13.2.6　数据库安全性设置

数据库安全性控制是数据库设计中需要考虑的一个重要环节，通过数据库安全性设置可以防止未经授权的用户存取数据库中的数据，避免数据被泄露、更改和破坏。

1．新建 SQL Server 登录用户

新建三个 SQL Sever 登录账户 alice、bobx 和 axgyx。创建 SQL Server 登录用户登录用户的 SQL 语句如下：

```
--新建 SQL Sever 登录账户 alice 密码为 Alice&123
CREATE LOGIN alice  WITH PASSWORD='Alice&123'
--新建 SQL Sever 登录账户 bobx 密码为'Bobx*35645'
CREATE LOGIN bobx   WITH PASSWORD='Bobx*35645'
--新建 SQL Sever 登录账户 axgyx 密码为'Axgyx%4625'
CREATE LOGIN axgyx  WITH PASSWORD='Axgyx%4625'
```

2．新建数据库 bookrent 用户

将刚才创建的三个登录用户映射为数据库 bookrent 用户，使其具有访问数据库 bookrent 的权限。创建数据库用户的 SQL 语句如下：

```
USE bookrent
GO
--使 alice 成为 bookrent 数据库用户
CREATE USER alice FOR LOGIN alice
--使 bobx 成为 bookrent 数据库用户
CREATE USER bobx  FOR LOGIN bobx
--使 axgyx 成为 bookrent 数据库用户
CREATE USER axgyx FOR LOGIN axgyx
```

3．创建数据库 bookrent 角色

为了方便管理 bookrent 数据库，创建数据库角色 bookrenttellerRole 和 bookrentmanagerRole。创建数据库角色的 SQL 语句如下：

```
USE bookrent
GO
--创建 bookrent 数据库的角色 bookrenttellerRole
CREATE  ROLE bookrenttellerRole
--创建 bookrent 数据库的角色 bookrentmanagerRole
CREATE  ROLE bookrentmanagerRole
```

4．授予数据库 bookrent 角色权限

新创建的数据库角色没有具有太多的数据库操作权限，可以通过授予权限的方法针对不同的数据库角色授予不同的权限，下面就分别对数据库角色 bookrenttellerRole 和 bookrentmanagerRole 授予数据库对象的不同操作权限。授予数据库角色权限的 SQL 语句如下：

```
USE bookrent
GO
--给角色 bookrenttellerRole 授予查询 Book 表的权限
GRANT  SELECT ON Book  TO bookrenttellerRole
--给角色 bookrenttellerRole 授予查询 Member 表的权限
GRANT  SELECT ON Member TO bookrenttellerRole
--给角色 bookrenttellerRole 授予修改 Book 表的 amount 列的权限
GRANT  UPDATE(amount) ON Book TO bookrenttellerRole
--给角色 bookrentmanagerRole 授予删除 Member 表记录的权限
GRANT DELETE ON Press TO bookrentmanagerRole
```

5．向角色中添加成员

用户可以向数据库级角色中添加任何数据库账户和其他 SQL Server 角色的方法来增加权限，下面向数据库角色 bookrenttellerRole 和 bookrentmanagerRole 中添加不同的成员，使得添加的成员具有对应的数据库角色的权限。向角色中添加成员的 SQL 语句如下：

```
USE bookrent
GO
--向角色 bookrenttellerRole 中添加成员 ( 角色 bookrentmanagerRole)，使之具有该角色的权限
ALTER ROLE bookrenttellerRole ADD MEMBER bookrentmanagerRole
--向角色 bookrenttellerRole 中添加成员 ( 用户 alice)，使之具有该角色的权限
ALTER ROLE bookrenttellerRole ADD MEMBER alice
--向角色 bookrenttellerRole 中添加成员 ( 用户 alice)，使之具有该角色的权限
ALTER ROLE bookrenttellerRole ADD MEMBER bobx
--向角色 bookrentmanagerRole 中添加成员 ( 用户 axgyx)，使之具有该角色的权限
ALTER ROLE bookrentmanagerRole ADD MEMBER axgyx
```

小　结

本章主要结合图书租借系统介绍了完整的数据库设计与实现的过程，包括表的设计、视图的设计、索引的设计、存储过程的设计、触发器的设计和安全性设置等。

参 考 文 献

[1] 郑阿奇. SQL Server 教程[M]. 北京：清华大学出版社，2015.
[2] 刘玉红，郭广新. SQL Server 2012 数据库应用案例课堂[M]. 北京：清华大学出版社，2016.
[3] 周慧，施乐军. SQL Server 2008 R2 数据库技术及应用[M]. 北京：人民邮电出版社，2015.
[4] 谢邦昌. SQL Server 数据挖掘与商业智能基础及案例实战[M]. 北京：中国水利水电出版社，2015.
[5] 高春艳，陈威，张磊. SQL Server 应用与开发范例宝典[M]. 北京：人民邮电出版社，2015.
[6] 李洪波，邹海林，李洪国. 企业级数据库集成应用系统开发[M]. 北京：清华大学出版社，2014.
[7] 李俊民，王国胜，张石磊. SQL Server 基础与案例开发详解[M]. 北京：清华大学出版社，2014.
[8] 戴特. 数据库设计与关系理论[M]. 卢涛，译. 北京：机械工业出版社，2013.